人生三悟

东篱子◎编著

中国华侨出版社

·北 京·

图书在版编目（CIP）数据

人生三悟 / 东篱子编著 . —北京：中国华侨出版
社，2013.10（2024.7 重印）
ISBN 978-7-5113-4050-4

Ⅰ .①人… Ⅱ .①东… Ⅲ .①人生哲学 – 通俗读物
Ⅳ .B821-49

中国版本图书馆 CIP 数据核字（2013）第 249729 号

人生三悟

编　　著：东篱子
责任编辑：刘晓燕
封面设计：周　飞
经　　销：新华书店
开　　本：710 mm×1000 mm　1/16 开　　印张：12　　字数：136 千字
印　　刷：三河市富华印刷包装有限公司
版　　次：2006 年 3 月第 1 版
印　　次：2024 年 7 月第 2 次印刷
书　　号：ISBN 978-7-5113-4050-4
定　　价：49.80 元

中国华侨出版社　北京市朝阳区西坝河东里 77 号楼底商 5 号　邮编：100028
发 行 部：（010）64443051　　　传　真：（010）64439708
网　　址：www.oveaschin.com　　E–m a i l：oveaschin@sina.com

　　人生旅程是短暂的，也是漫长的。一个故事是一个人生，一种角色也是一种人生，虽然人生是个很大的话题，虽然人生有许多做也做不完的事情，但当我们走到生命的终点，站在人生的尽头处蓦然回首，会突然发现一生为人谈论的话题其实只有三件事，用实际行动去做的也只有三件事，即：做人，做事，交朋友。做人，做事，交朋友是人性，人生的折射，是贯穿人生始终的线索。

　　每个人终其一生。还总要遇到各种问题、烦恼和矛盾，挫折和失败不可避免。面对人生的困局和障碍，不同的人会采取不同的心态和处理方法，从而也就导致有天壤之别的人生结局。

　　在美好的梦想和最残酷的现实之间，往往横亘一条深不见底的鸿沟，需要以正确的为人做事的方法做跳板才能一跃而过。但看似简单的事情正是大多数人无法悟到并做得好的，因为这其中包含的道理往往更复杂、更深奥。

　　有时候我们觉得自己的心很累，主要原因就在于我们常常徘徊在坚持和放弃之间，举棋不定。生活中总会有一些值得我们记忆的东西，也有一些必须放弃的东西。放弃与坚持，是每个人面对人生问题的一种态度。勇于放弃是一种大气，敢于坚持何尝不是一种勇气，孰是孰非，谁能说得清道得明呢？

这个世界上有很多好东西，可越是大家想得到的东西，就越不容易为人所得。要想得到自己想要的东西，就需要有悟性，总结起来只有一句话："思路悟清、方法悟对、心态悟平。"它几乎成了我们生活中为人处世的经典，只要按照这三条认真地去做，那么我们的人生就一定会有巨大的收获。

一本好书，如清晨的第一缕阳光，带给我们对未来的无限的希望；如浩瀚大海中的一座灯塔，为我们指引前进的方向。"人生三悟"蕴涵人生哲理、凝结人生智慧，不仅让您开阔视野，还能让您获得宝贵的知识经验。愿它成为您人生道路上的朋友，帮助您在逆境和荆棘中勇敢前行。

目 录
Contents

二悟
找到最佳方法谋取行事的最佳结果

　　每个人生活中总会有一些感悟，成功者悟到的是：成功，就必须用最佳方法去争取最佳结果。说白了，也就是行动的方法对头。谁都想出类拔萃，谁都想站在成功峰顶成为众人仰视的那个人，谁都想自己的事业、生活顺顺利利，成为朋友、同学、亲戚、邻居羡慕的对象。但是对多数人来说，在最美好的梦想和最残酷的现实之间，往往横亘一条深不见底的鸿沟，需要以正确的为人做事的方法做跳板才能一跃而过。

三悟
摆正心态，你的心气儿才能顺下来

如果一个人只悟出如何功成名就的道理，那绝对算不上达到成功的目的，因为那也不过为了追求一种自我满足的心态。如果你的心态摆正了，心气儿就容易顺了。但看似简单的事情正是大多数人无法悟到并做得好的，因为这其中包含的道理往往更复杂、更深奥。要知道，只有洞明世事，有一个平和、乐观心态的人才能在遭遇挫折、失败、不如意时不轻易生气，而只有做到了不生气，一个人才会不戚戚于一时一事，才能以通顺的心气儿享受生活。顿悟到这一点，你才可以立地成"佛"。

一悟

想做事明白，
先理清思路

我们做事情都希望有一个"顺利"的结果，但这要求你
首先脑子里有一个很顺的思路——事情想明白了，然后
一板一眼地去做，成功的概率自然大些。一个人成功的
高度跟他的出身、学历、长相、谈吐以及为人处世的方
式等都有关系，但起决定作用的还是要有一个思路顺、
事理明的头脑。脑子一顺，其他事不顺自顺。悟出这个
道理，人生才会少走冤枉路。

第一章
想明白了吗？这辈子你该怎么过

　　一个人活得不明白，就像上海人说的"拎不清楚"，其主要标志就是瞎着急、瞎生气。这样的人往往不计后果，一意孤行，倔脾气一上来九头牛都拉不回来。这样势必迷失自己正确的人生方向。只有当你对于自己的现状有一个清醒的认识，对自己的未来有明确的目标时，你迈出的每一步才是踏踏实实的。

我的地盘我做主，我的未来我主宰

　　老鼠？是的，老鼠！这两人都曾自比老鼠，但显然，这是两只非比寻常的老鼠，他们都曾与大多数人一样身处社会的底层，硬是凭着誓做一只"强鼠"的志气和对周边环境的清醒认识使自己脱颖而出。他们的经历或许能令我们明白这样一个道理：清醒的有志者才能主宰自己的未来——哪怕你只是一只微不足道的小老鼠。

灰老鼠：一个从平民子弟到传媒大王的传奇

传媒之王默多克，一个响当当的人物，即使你不知其人，也应知道电影《泰坦尼克号》，对，他投资的这部电影为他带来了至少 4 亿美元的利润。

默多克自诩为一只老鼠，他说，"你们（指别的资本家）是实验室里的白老鼠，而我是一只灰老鼠。当灾难来临时，白老鼠往往会不知所措，而我，即使被捕鼠器夹住了一条腿，我也会咬断那条腿逃生。"

但当我们冷静地回顾这位传媒大王一生的奋斗历程就会发现，他这番议论绝非卖乖之言。就在 1999 年的 7 月，《福布斯》杂志把默多克列为靠自己奋斗取得成功的代表。在半个世纪的艰苦奋斗中，他单枪匹马将澳大利亚一家小小的报社发展成为全世界最令人敬畏的媒体帝国，个人资产净值达到了 53 亿美元，当之无愧地跻身于世界十大亿万富豪的行列。

我们追溯他的成功轨迹，发现这一伟大的成功只不过缘于他年轻时立下的"要让全世界听到我的声音"的志向。

1952 年秋，年仅 21 岁的默多克只身回到澳大利亚，开始承担家庭事业的责任。回到家之后的默多克全力保留了父亲的两份报纸，并且全身心投入自己从小就喜爱的报社工作中去：聘请自己中意的撰稿人和责任编辑；改革报纸的文风、报道内容。

他的改革收到了良好的效果，提高了他的知名度，同时也将他多年在英国培养成的不墨守成规、勇于开拓的精神淋漓尽致地发挥了出来。

之后他决定大规模地扩大自己的实力——用自己一年多来筹集到的 40 万美元买下《星期日时报》，然后对其大幅度更改标题，变换版面，向公众展现一个大胆直观、个性鲜明的地方报纸。3 个月后，这家报纸就开始为他赢利了。这一年，默多克才 25 岁。也就是在这一年，澳大利亚开始有了他的新闻。

自从成功购并《镜报》并建立《澳大利亚大报》之后，一桩接一桩的并购业务在实施，而且其中不乏一些大手笔。到了 1968 年，默多克已经占有了澳大利亚近五分之二的新闻媒体。这时的默多克已不再是当年的默多克，他虽然还未满四十岁，但是他却拥有了丰富的办报经验。于是踌躇满志的他吹响了进军欧洲大陆的号角。这就是他的媒体帝国事业的开始。

引起英国报业强烈震动的是默多克于 1970 年在英国买下了小报——《太阳报》。这次交易默多克只花了 150 万美元，并且是用 6 年分期付款的方式成交的。而且更让人震惊的是，在不到一年的时间内，这份小报的发行量从 80 万份直升到 200 万份，在全欧洲畅销无阻。如今，《太阳报》发行量已居欧洲第一，年赢利近 2 亿英镑。当我们提到《太阳报》时，心中多了一丝崇敬的心情，但谁又能够想到就是默多克把这只当年还默默无闻的"丑小鸭"变成了"美丽的天鹅"呢？

在报界巨人——默多克身上，显示出了他那种天生作为报业领导人所应具有的敏锐目光与准确判断！在一些开始时没有多少新闻价值或是冒险性很大的事件上，默多克都能够发现其独到之处，并加大报道的力度，从而提高了自己报纸的知名度和销售量。

比如，默多克成功地打入美国报界，就是他能够抓住机会乘对手之虚而入！1973年"水门事件"发生之后，默多克立刻抓住了美国政治权力斗争这一真空时段进入了美国市场。到了1975年，他已经连续收购了7份报纸和3家电视台，其中包括著名的《纽约邮报》与WTMX电视台。1980年，默多克又投入巨资买下了大名鼎鼎的《泰晤士报》，从而真正地成了一名对世界政治极具影响力的世界报业大王。

默多克的报界业务发展策略是多元化的。人们已经不能用一个简单的"报业大王"或"传媒大王"来界定他了，因为他的触角已经伸展到了每一个普通人的生活当中。当我们在阅读报纸、看电视、听广播、欣赏小说、观赏足球时，都与这位澳大利亚人有关！在20世纪90年代，他凭借强大资金四处出击，先后建立了欧洲"天空"电视台，买下了亚洲卫视，控制了路透社8%的股份，收购了比利时安塞特航空公司……

当然，一个人的财力与精力总是有限的，即使这个人是世界首富。默多克也不例外，他也曾经面临过破产。但是性格倔强又才华横溢的默多克总能渡过难关。因此，直到今天，默多克仍然在进行大手笔的收购，随着他的支付能力的大大提高，他可以轻而易举地采取其他公司不敢采取的动作。

1997年，默多克开始进入好莱坞并组建了20世纪福克斯公司。正是他的慧眼促使他耗资2.8亿美元拍摄《泰坦尼克号》——这部曾被批评家估计会使他破产的影片，至少给它带来了4亿美元的收入。

可以这样说，默多克始终在寻找机遇，而且，一旦商机出现，他绝对不会轻易放过！当他听说欧洲的新闻公司在拉美的有线电视和在亚洲的电视服务仍在亏本时，他却大胆地投入巨资，因为他看中了新闻公司花费巨资在美国涉足体育、新闻和儿童有线节目，并且收视率颇广的优势！

　　默多克的成功历程颇具典型性，其归宿可以说是正在苦苦追求成功的当代年轻人的梦想：用不完的金钱，崇高的社会地位、功成名就的满足感。在这里，也许过程比结果更重要，灰老鼠是卑贱的，但卑贱的老鼠一旦赌下一口气，为自己确定了清晰的目标，有一个坚定的志向，其勇气与智谋足以使他在艰险的商界搏杀中取得成功。

粮仓鼠：认清自我，认清时代成就一代名相

　　下面讲的是一只中国古代的老鼠，一只很会"混"的老鼠。

　　李斯出生于战国末期，是楚国上蔡（今河南省上蔡县西）人，少年时家境不太宽裕，年轻时曾经做过掌管文书的小官。至于他的性格为人，司马迁在《史记·李斯列传》中插叙了一件小事，极能够形象地说明。据说，在李斯当小官时，曾到厕所里方便，看到老鼠偷粪便吃，人和狗一来，老鼠就慌忙逃走了。过了不久，他在国家的粮仓里又看到了老鼠，这些老鼠整日大摇大摆地吃粮食，长得肥肥胖胖，而且安安稳稳，不用担惊受怕。他两相比较，十分感慨地说："人之贤不肖，譬如鼠矣，在所自处耳！"意思是说，人有能与无能，就好像老鼠一样，全靠自己想办法，有能耐就能做官仓里的老鼠，无能就只能做厕所里的老鼠。这个小故事，形象地揭示了李斯的性格特征，也预示了他未来的结局。

　　为了能做官仓里的老鼠，求得荣华富贵，他辞去了小吏职务，前往齐国，去拜当时著名的儒学大师荀子为师。荀子虽是继承了孔子的儒学，也打着孔子的旗号讲学，但他对儒学进行了较大的改造，较少地宣扬传统儒学的"仁政"主张，多了些"法治"的思想，这很适合李斯的胃口。

李斯十分勤奋，同荀子一起研究"帝王之术"，即怎样治理国家、怎样当官的学问，学成之后，他便辞别荀子，到秦国去。

荀子问他为什么要到秦国去，李斯回答说：

人生在世，贫贱是最大的耻辱，穷困是最大的悲哀，要想出人头地，就必须干出一番事业来。齐王萎靡不振，楚国也无所作为，只有秦王正雄心勃勃，准备兼并齐、楚，统一天下，因此，那里是寻找机会，成就事业的好地方。如果尚在齐、楚，不久即成亡国之民，能有什么前途呢？所以，我要到秦国去寻找适合我个人的机会。

荀子同意李斯前往秦国入仕，但他告诫李斯要注意节制，在成功之际想想"物忌太盛"的话，不要一味地往前走，必要的时候要给自己留条后路。

李斯来到秦国，投到极受太后倚重的丞相吕不韦的门下，很快就以自己的才干得到了吕不韦的器重，当上了小官。官虽不大，但有接近秦王的机会，仅此一点，就足够了。处在李斯的位置，既不能以军功而显，亦不能以理政见长，他深深地知道，要想崭露头角，引起秦王的注意，唯一的方法就是上书。他在揣摩了秦王的心理，分析了当时的形势后，毅然给秦王上书说：

凡是能干成事业的人，全是能够把握机遇的人。过去秦穆公时代国势很盛，但总是无法统一中国，其原因有二：一是当时周天子势力还强，威望还在，不易推翻；二是当时诸侯国力量还较强大，与秦国相比，差距尚未拉开。不过从秦孝公以后，周天子的力量急剧衰落，各诸侯间战争不断，秦国已经趁机强大起来了。现在国势强盛，大王贤德，扫平六国真是如掸灰尘，现在正是建立帝业、统一天下的绝好时机，大王千万不可错过了。

这些话既符合秦国及各诸侯国的实际情况，又迎合了秦王的心理，所以赢得了秦王的赏识，被提拔为长史。接着，李斯不仅在大政方针上为秦王出谋划策，还在具体方案上提出意见，他劝秦王拿出财物，重贿六国君臣，使他们离心离德，不能合力抗秦，以便各个击破。这一谋略卓有成效，李斯因而被秦王封为客卿。李斯在秦国开始崛起了，后来终于做到丞相的高位。

李斯受茅厕和粮仓里老鼠的不同际遇的启发，确定了自己的人生方向，那就是，要做粮仓里的那只老鼠。李斯是个有志气的人，而清醒的头脑更为他的志气插上了翅膀，使他为自己选择了一个与众不同的起点。

别让"满意"、"安分"牵着你的鼻子走

有时，目高于顶也好，因为目高于顶的人才更会有气可斗。

目高于顶，绝非鼓励你以倨傲的态度去对待别人，而是主张人应有高远的追求。人人都愿意获得满意的结局，而一旦志得意满，一个人往往失去奋斗的动力，从这一点上说，心底里始终保留一些不安分的骚动，会给自己存下一点迈向更大志向的激情。

人人头上一片天，脚下一块地。要想天高地阔，必须始终追求更高远的志向

这里要说的是一个小人物发誓要做出个样子的故事。

1970 年 7 月，徐云刚出生于东北一个普通工人家庭。高考时，他没考上大学，就进了一所职业高中读酒店管理专业，可眼瞅着职高快毕业了，又因为打架被学校开除。徐云刚的母亲非常伤心失望，常常当面追问他："明年的今天你干什么？"

1988 年，徐云刚离开学校，开始闯荡社会。卖过菜、烤过羊肉串……他慢慢明白了生活的艰辛。1989 年 4 月，一家饭店公开招人，这是东北最好的五星级酒店之一。

经过几天的培训，徐云刚上岗了，当大厅服务员。可缺乏英语基础的他第一天就现了眼，把一个要上厕所的客人领到了咖啡厅。客人到值班经理处投诉，并用英语将他大骂了一通，徐云刚一句也听不懂。随即，徐云刚被降职到了行李员。1991 年秋天，香港富商李嘉诚下榻该饭店，徐云刚给李嘉诚拎包。饭店举行了一个隆重的欢迎仪式，一大群人前呼后拥着李嘉诚，他走在人群的最后一位。他清楚地记得那两只箱子特别重，人们簇拥着李嘉诚越走越快，他远远地被抛在了后面，气喘吁吁地将李行送到房间，人家随手给了他几块钱的小费。身为最下层的行李员，伺候的是最上流的客人，稍微敏感点儿的心，都能感受到反差和刺激。徐云刚既羡慕，又妒忌，但更多的是受到激励。"我就想看看，是什么样的人住这么好的饭店，为什么他们会住这么好的饭店，我们为什么不能？那些成功人士的气质和风度，深深地吸引着我，我告诉自己，必须成功。"

不久，徐云刚与同事为一个香港来的旅游团送行李，全团有100多件各式行李，要求30分钟内送到不同楼层的个人房间，他们两人累坏了。徐云刚与那位行李员同事跑到饭店14层楼顶上吸烟，脚下是车水马龙的大街，楼房鳞次栉比，看着看着，徐云刚突然指着下边说："将来，这里会有我的一辆车，会有我的一栋房。"

"你没病吧？"同事不以为然。他认为徐云刚累病了。1991年11月，徐云刚做了门童。门童往往是那些外国人来饭店认识的第一个中国人，他们常问徐云刚周围有什么好馆子，徐云刚把他们指到饭店隔壁的一家中餐馆。每个月，徐云刚都能给这家餐馆介绍过去两三万元的生意。餐馆的经理看上了徐云刚，请他过来当经理助理，月薪800元，而徐云刚在饭店的总收入有3000多块，但他仍旧毫不犹豫地选择了这份兼职。他看中的并非800元的薪水，而是想给自己一个机会。

为了这份兼职，徐云刚主动要求上夜班。那段时间，徐云刚在饭店上晚班要上到早晨6点，然后找个地方匆匆睡上一觉，餐馆营业时间一到，他就要西装笔挺地站在大堂上。几十号人，男女老少大大小小都归他管，一会儿都不能闲着，一直忙到晚上，他再从墙头爬过去回到王府饭店，换上工作服做门童，见人就哈腰，还要跟在一群群昂头挺胸的人后头，拎着包，颠颠地一路小跑。

这样的生活过了4个月，徐云刚的身体和精神都有些顶不住了。他知道鱼和熊掌不能兼得，他必须做出选择。

徐云刚在父母不解的眼光和叹息中辞职进了隔壁的餐馆，做一月才拿800块工资的经理助理。可事情并没有像当初想象的那么顺利，经理助理只干了5个月，徐云刚就失业了，餐馆的上级主管把餐馆转卖给了别人。

闲在家里，徐云刚不愿听家人的埋怨，经常出门看朋友、同学和老师。一天，他去看幼儿园的一位老师。老师向他诉苦：我们包出去的小饭馆，换了 4 个老板都赔钱，现在的老板也不想干了。徐云刚眼中一亮，忙不解地问："怎么会不挣钱？那把它包给我吧。"

徐云刚用 1000 块钱起家，办起了饺子馆。

来吃饺子的人一天比一天多，最多的时候，一天营业额超过了 5000 块钱。为了进一步提高工作人员的积极性，徐云刚想出了一招，将每个星期六的营业额全部拿出来，当场分给大家。这样一来，大家每周有薪水，多的时候每月能拿到 4000 元，热情都很高。一年下来，徐云刚自己挣了 10 多万元。

徐云刚初获成功，他又寻思着更大的发展。1993 年 1 月，他在火车站开了一家饺子分店。一个客人在上车前对他说："哥们儿，不瞒您说，好长时间以来，今天在这儿吃的是第一顿饱饭。"当时徐云刚就想，为什么吃海鲜的人，宁愿去吃一顿家家都能做、打小就吃的饺子呢？川式的、粤式的、东北的、淮扬的、中国的、外国的，各种风味的菜都风光过一时，可最后常听人说的却是，真想吃我妈做的什么粥，烙的什么饼。人在小时候的经历会给一生留下深刻印象，吃也不例外。

一有这样的想法，他就着手实施，随即他终于领悟到了自己要开什么样的饭馆了。他要把饺子啦、炸酱面啦、烙饼啦，这些好吃的、别人想吃的东西搁在一家店里，他要开家大一些的饭店。

他以每年 10 万的租金包下了一个院子，在院里拴了几只鹅，从农村搜罗来了篱笆、井绳、辘轳、风车、风箱之类的东西，还砌了口灶。大杂院餐厅开张营业了。开业后的红火劲儿，是徐云刚始料不及的，徐云刚觉得成功来得太快了。300多平方米的大杂院只有100多个座位，来吃饭的人常常要在门口排队，等着发号，有时发的号有70多个，要等上很长一段时间才有空位子。大杂院不光吸引来了平头百姓，有头有脸的人也慕名而来，武侠小说大师金庸、台湾艺人凌峰等都到过大杂院吃饭。

后来，大杂院的红火已可用日进斗金来形容。每天从中午到深夜，客人没有断过，一天的营业流水在10万元以上。3年下来，有人估算，徐云刚挣了1000万。

徐云刚的经验告诉我们，虽说志气能够刺激我们奋勇向上，但是，对许多人来说，拟定目标实在是不容易，原因是我们每天单是忙在日常的工作上，就已透不过气，哪还有时间好好想想自己的将来。但这正是问题的症结，就是因为没有目标，每天才弄得没头没脑，忙东忙西。

另外有些人没有胆量，他们不敢接受改变，与其说是安于现状，不如坦白一点，那是没有勇气面对新环境可能带来的挫折和挑战。这些人最终只会是一事无成！

人人都想有自己的一片宽阔的人生舞台，但你应首先清楚，你要的是一个什么样的舞台

一个人活得没有志气，最突出的表现就是没有自己的人生目标。没有目标就好像走在黑漆漆的路上，不知往何处去。而所谓的目标，就是你对自己未来成就的期望，确信自己能达到的一种高度。目标为我们带来期盼，刺激我们奋勇向上。当然，在为达到目标而努力奋斗的过程中可能遭遇挫折，但仍要坚定信念、精神抖擞。

美国的一份统计显示，一个人退休以后，特别是那些独居老人，假

若没有任何生活目标，每天只是刻板地吃饭和睡觉，虽然生活无忧，但他们后来的寿命一般不会超过七年。心理学家研究表明："没有了目标，便丧失了生存的目的和方向，而潜意识地决定生存也没有什么意义。"

清晰的目标能协助我们走向正确的方向，不至于走许多冤枉路，就好像赛跑选手一样，他们都是朝着终点进发，目标就是第一个冲线。

更重要的是确定目标能使我们集中意志力，并清楚地知道要怎样做才可获得要追求的成果。

下面的这个故事就说明了这个道理。

一位父亲带了三个儿子到沙漠猎取骆驼，结果大儿子和二儿子都空手而回，只有小儿子猎得骆驼，让老爸开怀。

父亲问大儿子，"你在沙漠上看到什么？"他轻描淡写地说："也没什么，只是一片大漠和几只骆驼而已。"二儿子呢？问他看到什么？他颇兴奋地答道："大哥看到的，我都看到了，还有沙丘、猎人、烈日、仙人掌。我还是比大哥优秀吧！"小儿子呢？他认真地答道："我只看到骆驼。"所以，无论你是满不在乎，还是兴致勃勃，如果没有清晰的目标，结果都是一样的，大儿子和二儿子都是白走了一趟。

美国加州大学生物影像研究所主任乔治·布森对一部分人进行调查。他将这些人分为两组：一组是设定好目标，再制定一套行动策略去实现目标的人；一组是没有特别设定目标的人。结果，有目标的那组人，平均每月赚 7401 美元；没有目标的人，平均每月赚 3397 美元。正如所料，奋勇向前的那一组人，较有冲劲，对生活及工作很满意，婚姻很和谐，身体也很好。

事实上，随波逐流、缺乏目标的人，永远没有机会淋漓尽致地发挥自己的潜能。因此，我们一定要做个目标明确的人，生活才有意义。不幸的是，多数人对自己的愿望，仅有一点模糊的概念，而只有少数人会贯彻这模糊的概念。一般人每日上班的理由，是为了重复昨天的工作。想来真是可悲，许多人在公司五年，却没有五年的经验，只能说有五次一年的经验。他们一再重复过去的表现，对于来年从不订立特定的目标。

美国作家福斯迪克说得好："蒸汽或瓦斯只有在压缩的状态下，才能产生推动力；尼亚加拉瀑布也要在巨流之后才能转化成电力。而生命唯有在专心一意、勤奋不懈的时候，才可获得成长。"

不论是个人、家庭、公司或国家，都需要目标。目标牵涉的层面很广，为达到目标，我们必须尽一切努力。

住在乔治亚州的赖嘉随父母迁至亚特兰大市时，年仅四岁。他的父母只有小学五年级的学历，因此当赖嘉表示要上大学时，他的亲友大多不表示支持，但赖嘉心意已决，最后果真成为家中唯一进大学的人。但是，一年之后，他却因贪玩导致功课不及格，被迫退学。在接下来的六年里，他过着得过且过的生活，毫无人生目标，他多半时候都在一家低功率的电台担任导播，有时也替卡车装卸货物。

有一天，他拿起魏特利的一本著作——《志在夺标》，从那时起，他对自己的看法完全改变，发觉自己拥有不凡的能力，重获新生的赖嘉，终于了解到目标的重要性。的确，目标决定我们的未来。

赖嘉的目标是重返大学，然而他的成绩实在太糟了，以致连遭墨瑟大学拒绝两次。在遭到第二次拒绝之后的一天，赖嘉无意间撞见院长韩翠丝，他趁机向她表明心志。结果，院长答应了他的请求，准许他入学，但有一个附带条件：他的平均分数要达到乙等，否则就要再度退学。

赖嘉一改过去的散漫态度，以信心坚定、目标明确、内心无畏的姿态，重新踏入校门。他每季平均进修 20 个学分，经过两年零三个月，即以优异成绩取得学位，紧接着再迈向另一个更高的目标。这就是计划性目标的绝妙好处。当他完成第一阶段的目标后，新的目标也会跟着形成，信心将更加坚定，成就会更大，兴趣会更多。

这个伐木工人的儿子终于成为一名博士，他还在全美发展最迅速的教会中担任牧师，教会地点就在费特维尔市，距他成长的亚特兰大仅数分钟车程。

事实上，从赖嘉自认为是个成功者之后，他的目标便一个接一个出现，他也成为一个筑梦的人。

赖嘉的成功说明：改变人生方向、确定人生目标之后，勤勤恳恳地努力工作，兢兢业业地埋头苦干，一定会取得这样或那样的成功。

一代伟人亚历山大大帝的成败也与目标这个看似简单的词有关。当亚历山大大帝拥有远大目标，而远景盘踞在他的心里时，他便能征服世界。当他的远大目标或梦想一旦消失，却连一只酒瓶也征服不了。牧羊人大卫因为有远大目标，而得以征服巨人歌利亚，远大目标破灭之后，他却连自己的欲望也战胜不了。

还有那个曾经在饭店当门童的徐云刚，有次他到饭店办事，没想到前来给他拎包的竟是 10 年前那个笑他的同事……

为了攀越人生巅峰，在个人、家庭、事业、生活等方面获得成功，人就必须有志气地活着，有目标地活着。

志愿由不愿而来，所以志于世者永远有别于安于世者

杰克·罗布斯是一个靠自己奋斗的乡间孩子，后来做过美国多任总统的顾问，他认为无止境的活动才是人生的目的、人生的终结。他说："某次有人问我，一个大商人是否有达到他目的的时候，我回答说'如果一个人有达到他目的的时候，他便不是一个大商人了。'有成就的人总是永远前进的，直到肉体无生命的时候。"

人类的愿望，始于不满足，不满足是表示你需要较好的东西，你要注意这种标记，因为它可以催促你向着好的方面进行。不可怨天尤人，把你的不幸归咎于别人或外界的环境，由此而发泄你的不满足。你应当让不满激发你，采取一种广阔的人生观。

如果你有梦想，就算不能实现，也还是有其价值的，因为此种梦想可使你看到许多可能的机会，是别人所未见到的。

成功的人的童年时代大都是充满了各种幼稚的梦想。钢铁大王卡耐基 15 岁的时候，便对他那 9 岁的小弟弟汤姆谈论他的种种希望和志向。他说假如他们长大些，他要如何组织一个卡耐基兄弟公司，赚很多的钱，以便能够替父母买一辆马车。

他们天天玩着这种游戏，自然而然便在他们的内心保持着许多梦想。这种"假如"的游戏，总是催促他们向前工作；等到机会真正来临的时候，他们便在现实中抓着，正如他们在理想中抓着一样，最后他们总是能将理想变为现实。

"你以为我做了司机便满足了吗？我的心愿是做铁路公司的总经理。"说这句话的青年便是卡耐基，在当时他还没有做到司机，在铁路

上干了两年之后，还只是一辆三等火车上的司炉工，月薪40美元。他说上面的那句话，是因为一个铁路上的老手激他说的。那个老手对他说："你现在做了司炉，就以为自己是发财了吗？我老实告诉你吧！你现在这个位置要再做五年然后才会成为大约月薪100美元的司机；如果你幸运地不被开除的话，就可以一生安然地做司机。"

他听说自己可以得到一个安稳的司机工作，并不满意。他的目标是在不情愿和赌气中定为铁路公司总经理的，后来他真的做到了；他一步一步地努力，做到大都会电车公司的总经理。

志愿是由不满而来。有开始，便有一种梦想，接着是勇敢地去面对，努力地工作去实现，把现状和梦想中间的鸿沟填平。

不可做一个空泛的梦想者。要晓得如何切实前进。

认清自己，现在是什么人，将来想做什么人。

给自己设定的目标要能刺激你把现在的工作做好，把眼前的问题解决好，才能够向着更高的目标前进。

鼓舞你的志气，不断超越自己

马斯洛的需求层次论将人的需求分为生理的需求、安全的需求、荣誉的需求等，人总是满足了低层的需求后才去追求更高的需求。中国古代贤哲管仲曾言："衣食足而知荣辱。"说的就是这个道理。如果你有了满足自己更高层次需求的志气，你的行动就会具有更高的境界。

认清自己，然后才能超越自己

超越自己的过程，是逐步满足自己需求的过程。未能独善其身就谈兼济天下的人是可笑的。这里有一个超越自我的典型人物——席殊。

席殊，是当今电子商务界和图书界一个鼎鼎大名的人物。他的原名席小平，1963年生于江西黎县。大学毕业后，席殊被分配回老家小县城里教书，除了一手好字，别无所长。

1985年，当时还是中学教师的席殊在庞中华的推荐下到郑州开办硬笔书法函授班。于是他就向学校请长假，学校不同意，他毫不犹豫地提出辞职。面对家人和朋友的反对，席殊决心已定。他在当地文化馆租了间屋子，既当卧室又当办公场所，自己编教材、发简章。也就是在那时，原名席小平的席殊开始用现在的名字，"席殊"也正是"习书"的谐音。这期间，22岁的席殊还来到北京，同几个差不多大的年轻人一起在北京举办了"首届全国硬笔书法展"。在各方的帮助下，书法展办得非常成功，中央电视台、新华社等各大媒体纷纷报道了这一活动。这件事还被评为当年书法界的三件大事之一。他说，当书法展的新闻发布会一结束，几个毫无背景的青年激动得相拥而泣。这件事让席殊感悟最深的就是——原来人可以超越自己，去干一些看来似乎不可能的事。

成功的喜悦并没持续太长时间，年轻的创业者常能碰到挫折的说法果然如期而至。1992年，已经32岁的席殊，事业依然没有什么大的进展。席殊从亲戚朋友处凑了6万元作"资本"，创办了江西业余硬笔书法学院，推广他6年沉寂生活中摸索出的习字新方法。他花了8000元在《中国青年报》打了一个广告，以"一生只需60小时"、"要练字，找席殊"等广告语掀起全国习字热。成功的广告宣传，负责的全程跟踪，定向的教学服务，使席殊很快在全国打出了知名度。虽然创业途中，席殊备受冷眼，多遭挑剔，也曾被洁身自爱的君子视作马路边上叫卖的梨膏糖、狗皮膏药，但依然如故的席殊，借势于报纸广告，将习字函授业滚滚推动向前。3年间随席殊习字的就达到了100多万人，垄断当时中国习字培训市场份额的绝大部分。一时间，"要练字、找席殊"的广告语声名远播，"席殊"一词成为响当当的习字产业第一品牌。

在书法函授班办得火热之际，席殊敏锐地发现，随着电脑的不断普及，习字事业再往前拓展的空间已经很小了，学习书法人员也开始在逐渐下降，在低谷期到来之前，要赶快寻找下一个发展目标。赚到钱的席殊于1993年决定投资酱油厂。

"习字大王"席殊居然做起了酱油，并且立志要将酱油卖到大江南北。真是让人匪夷所思，席殊却固执地认为，酱油是老百姓天天都需要的东西，做起来会有更大的赚头。而且，那个时候全国酱油中还没有一个有影响力的品牌。他的野心就是做出一个酱油品牌。他想"席殊"在习字领域是第一品牌了，他要把"席殊"这个品牌延伸到其他行业中去。他知道如何操作有杀伤力的广告，于是选择了"营养型酱油"的项目。

可是一旦染指酱缸，就像掉进了无底深渊，只好不停地往里投钱，500万全投入这个大酱缸，但仍不见起色。在实验室里做出酱油样品，颜色也好，味道也好，还评上了几次国家金奖。谁知一进入大批量生产，就完全是两回事了，无论怎么折腾，就是折腾不出好酱油来。

席殊总结这次失败的教训是：一是资金不够用；二是用人不当（请

的是一个原乡镇企业的厂长，他用管理生产队的方式去管理一个现代企业）；三是批量生产的东西要达到样品的质量，需要投入大量成本。同样是冲动，前一次让他步入商海改变了命运，这一次却让他血本无归。想在酱油上再次崛起的他栽在了酱油上，大量的投入血本无回。席殊明白了"隔行如隔山"是有其合理性的。

经过一番市场研究，他发现音像业还有很大的空间，全国还缺乏权威性高考辅导材料。1994年，席殊请来了全国著名教师，制成了名为《英才家教》的系列录像带，又想出一句广告词："把全国最好的教师请到家里来"。凭着这一招，他又爬了起来。此后虽因为盗版太多而中途夭折，席殊却从中获得了不菲的利润。

1996 ~ 1997年，席殊看准了大有潜力的图书经销业，毫不犹豫地跨了进去。席殊先后投了800多万元。世纪末的中国图书业，产业之复杂，经营之混乱，利润之微薄，困难之多，让准备攻城掠寨的席殊实在有些措手不及。席殊亲历了民营书店的艰难，只能选择被新华书店挑剩下的偏僻地段。而偏僻之地，就意味着难以争取到客流，客流少则销量低，销量低则折扣低，惨淡经营的结果是满满一仓库的积压书。

由于习字和家教录像带这两个项目萎缩，1998年席殊遭遇严重的资金短缺。那时没有积累不动产，没有抵押，贷不了款。加上行业关系，融资也不容易。此后的几年做得很艰难。席殊讲，早就知道图书业这块骨头不好啃，而进入后才发现竟比想象的还要艰难很多倍。他形容自己进入图书业的举动是"不自量力"。

经过一番探索，席殊亲自挂帅，与各地分散的中、小个体书店结盟，形成连锁。1997年7月，席殊正式启动特许经营加盟连锁计划，当年底连锁店超过 100 家。以"席殊书业"品牌为轴心，运用加盟连锁，布阵千里，集零为整，从而降低风险。"席殊书业"的特许加盟连锁经营战略获得了巨大成功。

1999 年 3 月，席殊开始做"网上书店"。但是，网络泡沫的破灭给席殊留下了惨烈的记忆，促使席殊重新回到传统产业的轨道上来。

现在，我们完全可以给席殊一个"成功者"的社会定位，尽管他的成功之路是如此坎坷——几次"滑铁卢"中的一次就足以让一个普通人再也爬不起来。他不仅爬起来了，而面对下一次"滑铁卢"他仍然义无反顾，因为对他而言，每一次跌倒就是一次自我超越的机会，而这一切的动力之源就是那个让他永不安分的"志气"。

第二章
做有志气的人，做最聪明的事

　　做人有志气并不是横冲直撞逞一时之快，那样就难免有感性的成分，有的时候就多了一些盲目和躁动，所以在这里提倡聪明做事，显得不但必要，而且及时。

掌握做事的另一种方法

　　都言人生如戏，戏如人生。你可看到舞台上的演员吗？嬉笑、啼哭、疯狂、正气浩然，一团和气……千变万化，学尽世态。

　　凡演员们能做到的，在生活这个大舞台上，你也应该能做到。

　　软：妥协、隐忍、合作等；

　　硬：进攻、刚性、锋芒毕露等；

　　刁：斤斤计较、智谋等；

憨：木讷、豪爽、慷慨等；

学会这四个字，基本上就能与各类型的人打交道了。

大千世界，无奇不有。林子大了，什么鸟都有；世上的人多了，什么样的人都有。"豆腐嘴，菩萨心"的善良的人有之，"头顶生疮，脚底流脓"的人有之，"当面说好话，背后下毒手"的人有之。面对各色各样的人，如果要与其打交道，就得见人说人话，见鬼说鬼话，因人而应变。在不断地因人而应变中恰如其分地使用各种应变战术。

某公司老板刘先生资金周转不灵，如资金不及时到位，就会给公司带来许多不必要损失。他本想一家大公司经理，非常富有，不过为人却非常吝啬，简直就是一只铁公鸡，不过刘老板却偏偏选中了他。

刘老板先发制人，他经过片刻的思考后，想出了一个计策，那就是因性制人。于是他与孙经理约定了见面的日期和时间。

到了那天，刘老板很早便搭车前往。去时他换了一身很一般的衣服，又借了一双带补丁的皮鞋。当车子离孙家还有 200 米时，他便下了车，用尽力气跑到孙家。当时天气正炎热，刘老板满头大汗。孙先生见了便诧异地问道："咦，你这是怎么搞的？"

"自行车半路上坏了，我怕赶不上时间，只好推着车子跑来了。"

"那你怎么不坐计程车呢？"

"你不知道，我一向很小气的，坐计程车要花很多钱，我没有私车。还好父母赐给我这双脚，我碰到赶时间的时候，只要用它就可以，既省钱，又强身。我的鞋子破了都舍不得再买一双，可不像你孙大经理。计程车只有你们这样的才可以坐嘛。"

刘老板事先调查过孙经理没有小车。

"我也很小气啊！所以我也没有自家的轿车。"孙经理谦逊地说。

"不，您是非常的节俭，而我才是小气鬼呢，您不知道，大家都叫我'严监生'呢？"

"但是我从来没听说过你是这种人，其实，我才真的被人称作吝啬鬼呢。"

"哎呀！孙经理，人不吝啬的话，是无法创业的，所以，人不能太大方。我们应该小气、更小气，无论如何不能浪费钱财呀。"

"你说得太对啦。"孙经理禁不住一拍双腿，猛然站了起来。孙经理对刘老板的话产生了共鸣，有一种相见恨晚的感觉。这样孙经理破例慷慨地把钱借给了刘老板。

刘先生可以说是个有骨气的人，但他如果做事时一味讲求骨气、与人斗气，恐怕事情就没有个办成的道理。这时候换一种思路和方法就是另一幅洞天。

百人百脾气，跟什么人办事要掌握其个性，而见机行事。有的怕软不怕硬，有的怕硬不怕软，因此，只有见什么人说什么话，办事才有效果。

蓝天贸易公司拖欠曙光机床厂一笔货款，众多讨债人员轮番进攻也没有讨回债来。没办法，厂长亲自点将，派本厂讨债大王胡莎莎出马。

这胡莎莎原本是车间的一名车工，长得美若天仙，高挑身材，花容动人，人称曙光机床厂的"厂花"。

近年来，债务纠纷增多，厂里组建讨债队伍，张榜公开招讨债人员。胡莎莎勇敢就聘，在讨债活动中大显身手，名声大振。

接受任务后，胡莎莎来到了蓝天贸易公司，直奔总经理赵大林的办公室。

忙碌的赵大林见一个美女飘然走进他的办公室，两眼一亮，不由得挺了挺身。

胡莎莎来到赵大林的面前，赵大林感到一股香气扑面而来。

"您就是赵总经理吧，我是曙光机床厂的胡莎莎，你们蓝天公司欠我们厂一笔货款，我今天来就是看看什么时候能还款。"说完胡莎莎坐下，拿出一支摩尔烟点着。

赵大林说："不是和你们厂的同志讲过了吗，我们现在有困难，等我们有了钱，一定会尽快还你们厂的货款。"

胡莎莎优雅地吐了一口烟圈，问赵大林："他们都说我是用色讨债，你看我是那样吗？"

"不，不是！"赵大林赶快否认。

"你不用否认，我是靠这张脸来讨债的。我干了 8 年钳工，眼看着有门路的一个个调走，我心里能不急吗，正巧厂里组建讨债队，为了从车间里调出来，为了不干那又脏又累的活，我只有这一条路。"

"这个工作也不错嘛。"赵大林说。

"这根本不是女人干的工作，你要不来钱，他们说你没能耐，你要来钱，他们又说你是靠出卖色相讨债，碰上要占你便宜的人你只能忍，真难呐。"胡莎莎说着落下泪来。

赵大林见胡莎莎真的伤心了，动了怜香惜玉的念头，他头脑一热，张口说道："你别难过，我们公司现在也很困难，全部还清你们厂的货款不可能，不过我们可以先还 30 万元，我这就叫人来给你办手续。"

送走胡莎莎，赵大林感到他做了一件好事，但自己的公司又要过一段紧日子了。

　　胡莎莎运用的是一种很难掌握的讨债方式，其中的度一定要有分寸，不能过火。胡莎莎充分运用女性的优势，并且开门见山，点出人们潜意识中的思想活动，使你无法再有非分的想法。巧妙地保护了自己，同时又将自己摆在了弱者的位置上，以真情打动了对方。

　　商场无义战。因此，进行讨债时没有必要客气，你一定要记住，你的目的就是讨回欠债，要回来钱就是你的能耐。

　　在生活中，如果对方对你"不仁"，你就有权力可以对他"不义"。但是即使在这种情况下，你也应该学会抓住对方的把柄来与对方谈判。

　　常言道，话不投机半句多，如果遇到这种情况，就要动动脑筋，灵活运用"见人说人话，见鬼说鬼话"的应变之术，站在正义、公道的立场上把握其真谛所在。

能屈能伸，成就自己龙的品格

　　世间的英雄就像龙一样，能大能小，能升能降。大可以兴云吐雾，小可以隐藏于无形；向上升可以升腾于宇宙之间，向下降可以潜伏于大海的深处。

　　俗话说，形势比人强，识时务者为俊杰。龙蛇之蛰，以求存也。只能大不能小，只能算条虫罢了。

《三国演义》里有一个煮酒论英雄的故事。一天，曹操邀刘备入府饮酒。二人对坐，开怀畅饮。酒过三巡，曹操问刘备："你周游四方，一定知道当今的英雄，请简单说一说。"

刘备说了几个人的名字，曹操都摇了摇头。

曹操接着说："所谓英雄，就是要胸怀大志，腹有良谋，有包藏宇宙之机，吞吐天地之志。"

刘备问道："那么谁能称得上是英雄呢？"

曹操用手指了指刘备，又指了指自己，说道："现在天下能称得上是英雄的人，仅你与我两人而已！"

刘备一听，大吃一惊，吓得手中的筷子都掉在了地上。好在此时雷声大作，刘备巧妙地借雷声掩饰住了自己内心的惊恐。刘备为什么会被吓成这样呢？因为他与曹操并不是一条心，他正在韬光养晦，他害怕曹操发现自己的意图。

刘备能够成就自己的事业，当然首先在于他脑中始终藏有一股收拾天下的霸气，这股霸气来自他跟自己斗着一口气，也来自他跟曹操斗着的一口气，这就是做个乱世英雄而不屈居人下。刘备的事业其次就在于他聪明的做事方法，也就是为求存而善于蛰伏。

但是，刘备在这一点上与曹操相比毕竟还稍逊一筹。

刘备历尽艰辛终于有了东西两川和荆州之地。然而由于关羽的失误，荆州被东吴夺了过去，关羽也被杀害。刘备听说之后，悲愤交加，发誓要为关羽报仇，他要起兵伐吴。刘备的这一决定是建立在冷静的心态之上吗？不是。此时，他完全被自己悲伤和愤怒的心态所控制。赵云劝刘备说："现在的国贼是曹操，并不是孙权。曹操虽然死了，但曹丕却篡汉自立为帝，神人共怒。陛下你应该讨伐曹丕，而不应该讨伐东吴。倘若一旦与东吴开战，战争就不可能立刻停止，别的计划就不能实施。望陛下明察。"赵云的这番话颇有道理，确实是审时度势之言，然而，此时的刘备已彻底向心态屈服了，他已不可能审时度势了。他对赵云说："孙权杀害了我的义弟，还有其他忠良之士，这是切齿之恨，只有食其肉而灭其族，才能够消除我心中的仇恨。"赵云又劝说："曹丕篡汉的仇恨，是大家的仇恨；兄弟之间的仇恨，是私人的仇恨。希望陛下以天下为重。"刘备答道："我不为义弟报仇，纵然有万里江山，又有什么意思呢？"刘备已完全失去了理智，完全失去了审时度势的能力。感情用事的结果常常是彻底的失败。

　　一个人有七情六欲是完全正常的，也是完全应该的，这也是人之为人的特征。所以，我们说："一个做事不考虑感情的人一定是一个不成熟的人。"然而，事情是复杂多变的，感情常常左右人们的理智，使人们对复杂多变的形势做出错误的分析和判断。因此，我们又说："一个被感情左右的人一定是一个更不成熟的人。"此时的刘备就是被感情左右了的人。在心态这一点上，他根本就无法与曹操相比。殊不知，曹操一家也曾被人所杀，他也曾有过切齿之恨。

　　曹操平定了青州黄巾军后，声势大振，有了一块稳定的根据地，于是他派人去接自己的父亲曹嵩。曹嵩带着一家老小四十余人途经徐州时，徐州太守陶谦出于一片好心，同时也想借此结纳曹操，便亲自出境迎接曹嵩一家，并大设宴席热情招待，连续两日。一般来说，事情办到这种地步就比较到位了，但陶谦还嫌不够，他还要派兵五百护送。这样一来，好心却办了坏事。护送的这批人原本是黄巾余党，他们只是勉强归顺了陶谦，而陶谦并未给他们任何好处。如今他们看见曹家装载财宝的车辆无数，便起了歹心，半夜杀了曹嵩一家，抢光了所有财产跑掉了。曹操听说之后，咬牙切齿道："陶谦放纵士兵杀死我父亲，此仇不共戴天！我要尽起大军，洗劫徐州。"

将曹操的遭遇与刘备的情况进行比较，不难看出，刘备仅死了一个义弟关羽，曹操却死了一家老小四十余人，曹操的恨应该更大更强烈。然而，当曹操率军攻打徐州报仇雪恨之时，情况发生了变化，吕布率兵攻破了兖州，占领了濮阳。怎么办？这边大仇未报，那边情况又发生了变化。如果曹操被复仇的心态所左右，那么，他一定看不出事情的发展趋势，也察觉不出情况的危急，就如同刘备伐吴一样。但曹操毕竟是曹操，他是一个十分冷静沉着的人，也是一个非常会控制自己心态的人。正因如此，他立刻便分析出了情况的严重性，他说："兖州失去了，这就等于让我们没有了归路，不可不早作打算。"于是，曹操便放弃了复仇的计划，拔寨退兵，去收复兖州了。曹操的这个决定正确吗？当然正确，因为，这个决定没有受他复仇心态的任何影响，完全建立在自己冷静的心态之上。因此，曹操能够摆脱这次危机，保住了自己的地盘和势力。

与曹操截然相反，刘备伐吴的计划完全建立在复仇心态之上。这一心态使他不可能对局势做出客观准确的认识。他没有认识到东吴经营时间已经很长，孙权善用贤人，上下团结一心，绝对不像刘璋之辈那样柔弱；与此同时，北边曹丕虎视眈眈，随时都可能向刘备的蜀汉政权发动攻击，而自己的政权才刚刚建立不久，还需要进一步稳定人心；从大局来看，三国鼎立，魏国强大，蜀吴弱小，只有连吴抗魏，才能长治久安。

然而，刘备根本就顾不得这一切，只凭自己复仇的心态而制定实施了伐吴的计划。因此，其失败是注定的。

从某种角度我们可以这样说，一个人是能够成为云中龙还是草中虫，是大龙还是小龙，不仅仅是你有无志气，还由你做事是否聪明决定的。

别小看"混混儿"，他们很聪明

什么是混混儿，说白了就是不学无术、不务正业，到处混吃混喝的人。但我们不能忽略一个奇怪的现象，有不少这样的混混儿，竟取得了常人难以取得的成就。

据说刘邦出生时有异相。刘邦的母亲有事外出，路过一个大泽，觉得乏力，就坐在泽边休息，不觉中竟迷迷糊糊地睡去，就在似睡未睡之际，蓦然看见一个金甲神人从天而降，即时就惊晕过去，不知神人干了些什么。刘邦的父亲见妻子久不归来，担心有事，便出去寻找。刚走到大泽附近，见半空中有云雾罩住，隐约露出鳞甲，似有蛟龙往来，等云开雾散，见泽边躺着一个妇人，正是自己的妻子。问起刚才的事，她竟茫然不知。从此，刘邦的母亲便怀了身孕，后来生下一个男孩，就是刘邦。

刘邦生有异秉，长颈高鼻，左边大腿上有七十二颗黑痣，刘邦的父母知道他不同一般，就取名为邦。但他长大以后，却不喜和父亲、哥哥们一起务农，整日游手好闲，父亲多次劝诫，总是不改。后来刘邦的哥哥娶了妻子，嫂子就嫌他好吃懒做，虚耗家产，不免口出怨言。刘邦的父亲知道以后，干脆把长子一家分出另过，刘邦仍随父母居住。

刘邦长到弱冠之年，仍是不改旧性，父亲就斥责他说："你真是无赖，你要向你哥学一学，他分家不久，就置了一些地产，你什么时候才能买地置房！"刘邦不仅不觉悟，还经常带着一伙狐朋狗友到哥家吃饭。嫂子被吃急了，就厉声斥责，刘邦不以为意。一次，他带朋友去吃，嫂子一急，计上心来，连忙跑入厨房，用勺子猛劲刮锅，弄出了震天的响声，刘邦一听，知道饭已吃完，自叹来迟，只好请朋友回去。没想到等到厨房一看，锅灶上正热气蒸腾。刘邦这才知长嫂使诈，他长叹一声，转身而去，从此不再往来。

然而这性格开朗的无赖，因为与官衙的官吏混得很熟，不久竟混到了泗水亭长的职位。

有一次县令的好朋友吕公因避仇迁来居住，县上的官吏都来恭贺，由萧何收受贺礼，规定礼品不够千钱的，只能坐在堂下。刘邦递进礼单，上写"贺钱万"，实际上一文也没有带。吕公一见刘邦相貌神态，十分敬重，邀请入席。客散之后，吕公对刘邦说："我平生喜欢观人，也见过不少人，但没有谁有你这样的仪表风度，希望你珍重。我有一个女儿愿意许配给你。"席散后，吕婆抱怨说："平常说要把女儿嫁给贵人，县令的求婚都不答应，怎么嫁给刘邦呢？"但吕公终于坚持把女儿嫁给了刘邦，她就是后来大名鼎鼎的吕后。

其后秦王征发各地刑徒到咸阳修筑骊山陵墓，沛县派亭长刘邦押送本县刑徒到骊山服役。一路上刑徒不断逃亡，刘邦防不胜防，无奈之下，他便把所押送的刑徒全部释放。刑徒中有十多名壮士愿意跟随刘邦，他们隐藏在山林水泊之间，沛县青年听说后纷纷前来参加。

刘邦最后统一天下，建立了汉朝，在一次群臣毕集的庆功会上，刘邦居然当着群臣的面典见着脸向父亲问道："老爸您看，我和哥哥相比，谁的产业更多呢？"刘邦的父亲见他一副小人得志的样子，气得哼了一声，转身走入殿内。

刘邦就是这样一个流氓无赖，不过，刘邦却有一个别人无法比拟的长处，善于听从别人的意见，善于团结将领，善于隐忍，善于使用人才。

在汉朝开国不久，刘邦和韩信等群臣曾经议论过各位将领的才能。刘邦问韩信说："你看我能不能统率百万大军呢？"韩信说："不能。"刘邦又问："那能否统率十万大军呢？"韩信说："不能。"刘邦生气地问道："依你说，我能带多少兵？"韩信说："能带一万兵就不错了！"刘邦反问道："那么，你能带多少兵呢？"韩信毫不客气地回答："至于我吗，带得越多越好（韩信将兵，多多益善）。"刘邦既不解又气愤地问："那为什么我做皇帝，你只能做将军呢？"韩信又回答说："陛下虽不善将兵，却善将臣。"

的确，"运筹帷幄之中，决胜千里之外"，刘邦不如张良；输粮草、保供给，治国安民，刘邦又不如萧何；亲临前线，挥兵杀敌，刘邦又不如韩信。但刘邦的长处就是能把这些人聚拢起来，让他们发挥各自的能力和长处，为自己服务。

刘邦虽然无赖，倒也明白道理，听人劝说。攻克咸阳后，刘邦进入秦朝的宫殿，他见到巍峨的宫殿，珍奇的摆设，成群的美女，就再也不想出来了。将领樊哙突然闯进去吼道："你是想做个富家翁呢？还是想据有天下呢？"刘邦仍是呆呆地坐着，没有反应，樊哙又厉声斥责说："您一入秦宫，难道就被迷倒了不成！秦宫如此奢丽，正是败亡的根本，还是请您还军霸上，不要滞留宫中！"这位从不知富贵为何物的大王也许真的被迷倒了，竟然央求樊哙说："我觉得困倦，你就让我在这里歇一宿吧！"

樊哙想再行劝说，又怕太过分了，赶忙出来找到张良，把刘邦入迷的情形告诉了他，张良十分明白。他来到秦宫，找到刘邦，慢慢地对他说："秦朝荒淫无道，您今天才能坐在这里，您为天下铲除残暴，应当革除秦朝的弊政，重新开始。现在才刚刚进入秦朝咸阳，便想留在宫里享乐，恐怕秦朝昨天灭亡，您明天就要灭亡了！您何苦为一宿的安逸而功败垂成呢？古人有言说：良药苦口利于病，忠言逆耳利于行。您还是听我的话吧！"

刘邦听到张良软硬兼施的话，觉得如不走，实在太不像话，就恋恋不舍地离开了秦宫。在张良等人的催促下，他又与秦地父老约法三章：杀人处死，伤人及盗抵罪。其余秦朝苛法，一律除去。刘邦从此获得了百姓的拥戴。

毫无疑问，刘邦的品德、思想境界是不足道哉的，但就是这样一个人，却偏偏成就汉朝大业，这是为什么？

刘邦是一个缺点与优点互见的人物，但无疑刘邦是个聪明人，他会在恰当的时候，对恰当的人用最恰当的方法。刘邦在看到秦始皇出游车盖时就"赌"下一口气要取而代之，他成功了，因为他会用聪明的方法去追求自己的结果。

第三章
不与人斗气，要斗就和自己斗

　　俗话说：一招鲜，吃遍天。要想出人头地，就得有自己的看家本领和独门绝技。一个人必须想明白，他成功的基础，就是深厚的自身功底，否则，只能落个不断斗气不断泄气，最终没脾气的结局。所以在跟人斗气之前不如自己先跟自己赌一把气。为此，这里提出四种出自金庸武侠小说的绝学：吸星大法、易筋经、独孤九剑和凌波微步，就是让读者诸君博采众长、融会贯通、开拓创新，练好自身内功，为日后斗了气之后能让满意的结果为自己长气打下坚实的基础。

练就自己博采众长的吸星大法

　　金庸的小说里有一种非常厉害的功夫叫作"吸星大法"，能在与敌交手之际将其内力尽数吸走。这种神功在现实中是不存在的，但是它的道理却可以启发我们，要想扩大自身的知识和本领就必须采取"吸星大法"式的手段，博采众长，为我所用。所以，掌握这种绝技，是很有必要的。

最重要的是忠于自己

"吸星大法"要求习武之人在修炼这门神功之前必须将自身内力尽数化去，造成体内的一种"虚"境，这样，遇到了其他有内力的人，才会产生强大的吸力。这里的吸星大法可不是要让人们忘记自身所学，它只是借用吸星大法的原理，让人虚心学习而已。

首先要发现自己的长处和短处。

有的人适合行政，有的人不适合；有的人适合经商，有的人不适合；有的人适合当老板，有的人不适合；有的人适合做公关，有的人不适合。所以，适合做行政的人非要跟人斗当老板的气就不那么适合，或者自己对经商一知半解之时就非要跟在商海中沉浮数年的老手斗个你死我活，也就只有你活我死的份儿。

古希腊戴波伊神庙刻着这样的铭文"认识自己。"只有认识了自己，才能在待人处世中参与竞争时趋利避难，扬长避短，从而变被动为主动，化主动为优势，从而实现自己的理想，最终出人头地，在众多的竞争者中脱颖而出。

俗话说"知人者智，自知者明"，那就是既不高估自己也不低估自己。认识到这一点容易，但要做到这一点，也非易事。

希望自己的权力更大，想到更能发挥自己才能的岗位上去，要做出比别人更大的成就……几乎所有人都有上进心，都想出人头地。

明确自己的位置，找出自己最需要的东西，然后尽力去发展，才是一条正确的道路。

金无足赤，人无完人。每个人都有自己的优缺点，关键是要正视它们，这样你对自己的评价才能是客观的。

世界名著《哈姆莱特》中有这样一段话："最重要的是忠于自己。你只要遵守这一条，剩下的就是等待黑暗的夜晚与白昼的交替，万物自然的流逝，倘若果真有必要忠于他人，也不过是不得不那样去做。"想想这是很有道理的。

想要自我评价的有效方法之一，是把自己平时的优点列进来。对自己性格中的长处、出色的成绩，都要给予充分的肯定的评价，并把这些评价铭记在心中。

这种评价给你的印象越强烈，那潜在的自我就越发会被发掘出来，就会给你带来无穷的动力。

那些成功人士有一个共同之处，就是对自己定位很高。高一个层次看自己，你就已经在心理上出人头地了。

各个领域的成功人士以他们的经验证明，自己高看自己，才会让别人高看你，人必先自命不凡而后别人才会认为你是不平凡的。

但是也不要过高地估计自己的能力，俗话说，看菜吃饭，量体裁衣。凡事要依事而行，尽力而为，知其不可为而为之，后果不堪设想。应当先捡容易实现的事情入手，循序渐进，才能以小积大，最终取得大的成就。

要认识我们自己的长处和短处，有五个主要方法：

第一、做一下心理学测验，客观地测试你的能力；

第二、留心朋友、同事、老板、顾客对你的印象；

第三、正视你的过去——追踪过去可显现现在和未来；

第四、把自己置于严酷的环境中，使你几乎到了崩溃边缘，然后，从行为中去认识自我；

第五、注意开发自己的潜力。

一般来说，任何人都会在某些方面存在优势，很擅长，而在其他方面则表现一般。

如果撇开了最擅长的工作不干，便等于抛弃了你拥有的最重要的优点，也就放弃了最该成功的道路。在别的工作上，即使你能努力克服弱点，至多不过使你得到一个业务专家的美称。你不可能在这种工作岗位上取得很大的成就。

在你所擅长的领域中力求专、精、深，你就会得心应手更为快乐，而且更为安全和成功。

如果不能把自己确定的竞争目标同自身的长处结合起来，最终只能成为别人的"绿叶"

目标问题如何强调都不过分。

明确自己的目标，实际上就是古人所说的"立志"，关于这一点，在古代有许多很好的论述。

墨子说过：志不强者智不达。《后汉书》也提出，有志者，事竟成。

有人总结道："古之立大志者，不惟有超世之才，亦有坚韧不拔之志。"

王阳明说："是志不立，天下无可成之事。虽百工技艺，未有不本于志者……志不立，如无舵之舟，无衔之马，飘落奔逸，终亦何所底乎。"

王国维在他的《人间词话》中说："古今之成大事业，大学问者，必经过三种境界：'昨夜西风凋碧树，独上高楼，望尽天涯路'，此第一境也；'衣带渐宽终不悔，为伊消得人憔悴'，此第二境也；'众里寻他千百度，蓦然回首，那人却在灯火阑珊处'，此第三境也"。

这里说的"独上高楼，望尽天涯路"，就是从立志这方面说的，要想成功就要有远大、明确的目标。

我国古代学者对志向重要性的认识是由史实而出的。

春秋战国时期，越王勾践，为报吴王之仇，十年卧薪尝胆，终于成功。

西汉史学家司马迁，立志"究天人之际，通古今之变，成一家之言。"要把上至皇帝，下到汉武帝的 3000 年中国历史写出来，发愤著书立说，终于完成了被鲁迅誉为"史家之绝唱，无韵之离骚"的《史记》。

李白说要"新志在删述，重辉映千年"，他为后世留下千首不朽诗篇。

明代爱国将领戚继光曾立下"封侯非我意，但愿海波平"的壮志。为此，他矢志不移，戎马一生，在平息东部沿海倭寇骚扰和阻止北方异族入侵的战斗中，建立了不朽的功勋。

以上的例子充分说明：确立志向对于个人的发展成长是多么的重要。

有志向就会有抱负，有抱负就会有目标，有目标就会有动力。

其实成功的人和不成功的人，有竞争力的人与无竞争力的人之间，重要的差距就在于有没有为之奋斗的目标。有竞争力的人，奋斗目标明确，他们深知实现目标的不易，所以就会奋发努力，坚持不懈地朝着自己的竞争目标努力，而那些缺乏竞争力的人，他们没有明确的目标，整天昏昏迷迷，得过且过。一辈子也成不了大事。

人人都有自己的长处和短处，有的人长处多些，有的人长处少些。有的人还可能暂时没认识到自己的长处，所以你大可不必灰心泄气，总有一块属于你的天地，你将在那里得心应手，纵横驰骋。

那么，怎样才能发现自己的长处从而确立自己的竞争目标呢？

唯一的办法是去实践，因为只有实践才能出真知，实践才能检验你的能力。

苏联著名诗人、翻译家、诺贝尔文学奖获得者帕斯捷尔纳克，原本为自己定的方向是在音乐方面有所成就，他 23 岁开始练习作曲，立志成为一名杰出的作曲家。

经过 6 年的努力，取得了一定的成绩，但他放弃了，因为他发现尽管自己有一定的音乐天赋，但还很有限，在苏联与他一样的人当中他并没有什么太大的优势，有时还明显地感到劣势，他觉得凭自己的这些条件，在音乐作曲这个领域，在与音乐界人士竞争的时候还难以取胜，所以他主动退出了音乐作曲的领域，重新确立了自己的竞争目标，走文学创作的道路。实践证明，搞文学创作是他的特长，尽管苏联作家不乏好手，但他硬是凭着自己的天赋和扎实的功底在文学创作领域干出名堂。

由此可见，只要努力去实践，就一定能发现自己的特长，然后再根据自己的特长，确立一个自己最适合的目标，而尽量避开自己的弱点，这样成功的概率就大了。

当今世界杰出的理论物理学家、诺贝尔物理学奖获得者杨振宁曾经说过:"选择专业的决心,应该随着对自己的了解而变动。如果当时我不离开实验物理,那么我不可能有今天这样的收获。"

在现实生活中,有的人说自己干什么都差不多,于是尝试了很多职业,结果却发现原来自己在哪方面都潜力平平。诚然,有些人通过自己的努力,如愿以偿,但同时,有相当多的人"壮志难酬",时间、心血、金钱花去不少,但收效不佳,根本原因就是自己确定的竞争目标没有很好地与自己的长处合起来,结果在实际生活中,只能成为别人的"绿叶",而大业未成,因此大家一定要以务实的态度为自己确定一个能充分发挥自己主观能动性的竞争目标,不可好高骛远,贪多求快。否则只能是竹篮打水一场空,到头来,追悔莫及。

要对自己的潜力拥有绝对的信心

当今世界的竞争日趋激烈,一个人要想出人头地,仅凭自己的长处是不够的。还要博采众长,为我所用,才能使自己更加强大。因此,要勤于学习,充实自己。

在这个知识大爆炸、信息大爆炸的时代,知识更新的速度也在加快,有材料说,一个人掌握的知识每 15 年就会有 80% 过时。因此,就像我们的身体需要不断地新陈代谢一样。

我们也只有不断学习,不断地给自己"充电",才能赶上时代的脚步。同时,我们每个人身上都还具有极其巨大的潜力等待我们去开发、去利用。专家认为,我们人脑的信息储存量大约相当于 5 亿册图书的信息。一个人整个一生都只运用了其很少的一部分,爱因斯坦也只开发了其智慧的 15% 而已。

所以，要对自己的潜力拥有绝对的信心，你之所以暂时没有利用新知识的技能，那是因为你还没有开发你自己。

目前，我们每个人的工作大都十分繁忙，生活节奏不断加快，抽出大量的时间进行重新学习、进行"充电"的机会不是很多，要真正、有效地更新知识和技能，除了参加多项培训班外，主要的靠自己抓平时的零碎时间来搞好学习，功夫不负有心人，平时学习的机会还是很多的，在这个高度信息化的时代，只要我们善于运用我们的种种智慧，积极地用脑思考，我们积累的知识就会越来越多。

下面几点也许可以帮助你养成随时学习的习惯：

第一，每天挤出一定时间（至少半小时，否则效果不会很明显），专攻一门功课。

第二，坚持每天留意一下广播电视报纸的重要新闻，知晓天下最时兴的东西。

第三，要不耻下问，还要勇于上问，直到弄明白为止（但并非不经过自己思考）。

第四，养成多问"为什么"的习惯，并多独立思考解决，实在不行再请教别人，这样可以为你省下不少时间。

第五，多作读书笔记或读书卡片，积少成多，时间长了，也会收效很可观。

第六，多动笔，不妨试着向报社和杂志社投投稿。

第七，定期总结检查自己这一段的学习情况。

第八，多到书摊或图书馆转转，找一些有价值的书补充"营养"。

第九，根据自身的情况，尽力参加一些培训或学习。

我们主张要不断地给自己"充电"，这种"充电"的内容不仅包括理论上的知识和一些纯工作性质的技能，而且还包括社会交往等社会知识和技能，只有做到了这两者的兼顾、统一，你才能算是真正提高自己，你才能在做人处世中利用学到的知识和技能获取成功。

不念易筋经，实现最快的自我改变

少林七十二绝技中，最上乘的武功莫过于易筋经了。这是一门绝顶的内功，它可以使人周身血脉贯通，除去僵化不通的弊病，故而能使人的一招一式发挥出极大的威力。

这里的易筋经是要找出自身的各种症结，然后一一化去，从而达到通畅灵活的效果。一个人斗气之后一而再再而三地落得个不争气，那就说明自身存在问题，要设法找到症结改变自己。我们发现，一般人大多存在以下的一些缺点，倘若克服的话，定能收到易筋换骨的奇效，然后再行走于社会之上，就有了更为扎实的成事根基。

第一，热情不足

墨格尔说："没有热情，世界上没有一件伟大的事能完成。"美国的《管理世界》杂志曾进行过一项测验，他们采访了两组人，第一组是事业有成的人事经理和高级管理人员，第二组是商业学校的优秀学生。

他们询问这两组人，什么东西最能帮助一个人获得成功，两组人的共同回答是"热情"。

热情之于事业，就像火柴之于汽油。一桶再纯的汽油如果没有一根小小的火柴将它点燃，无论汽油的质量怎么好也不会发出半点光，放出一丝热。而热情就像火柴，它能把你拥有的多项能力和优势充分地发挥出来，给你的事业带来无穷的动力。

如果一个人没有热情，就不会激发他自身的诸多能力。而且给人一副心灰意冷，没什么前途的印象的人，别人也会弃你而去的。

第二，适应能力差

能否适应不同的环境关系到一个人处理压力的能力，这是因为人的压力主要发生在他进行变革的时候。成功者不仅有能力去适应变革，而且能促进变革。

适应能力的本质，就是参加冒险的能力。高水平的成功者知道，转变与冒险是同时存在的，对成功者来说，顺时地转变不仅是时势所迫，而且往往是必不可少的。因而一个人如果要想获得成功，就一定要能够适应各种变革。

第三，缺乏自信

独木桥的那边是一种奇境，有各种果实，诱人前往，自信的人大胆地过去采摘自己想要的果子，而缺乏自信的人却在原地犹豫：我是否能走过去？——而果实，早已被大胆行动的人先行一步，收入囊中了。

自己都信不过自己，别人怎么能相信你？任何一个成功者都是非常自信的人。强烈的自信心，不仅能振奋自己的士气，也会在气势上压倒对手，在许多时候会取得意想不到的效果。没有机遇或没有条件尚有情可原，如果是因为缺乏信心而失掉脱颖而出的机会甚至导致失败的话，实在是非常可惜、可怜、可悲的事情。

第四，自负

人不能不自信，但同时也不能太过自信，否则就是自负了。就会对自己有不切实际的评价，别人也会认为你是个妄想狂，也不会很好地与你相处的。

美国的威特科公司总裁托马斯·贝克曾经说过：你可以聘到世界上最聪明的人为你工作。但是，如果他孤芳自赏，不能与其他人沟通并激励别人，那么，他对你一点用处也没有。

实际上这段话也可以这么理解："你可以是世界最聪明的人，但是，如果你孤芳自赏，过于自负，不能与其他人沟通并激励他人，那么，你一点用处也没有，不可能获得成功。"

自负可能使你听不进别人意见，固执己见，一意孤行，而一旦走入死胡同，你就追悔莫及了。

第五，用心不专

从小，我们就学到了"三心二意"这个成语，并且，很可能每个人都防止成为三心二意的人。但是，你真的做到了吗？

无论做任何事，"三心二意"都是不可取的，不把全部精力集中在你要做的事情上，而去想其他无关紧要的事情，三心二意，必定会在你想的事上分散精力。而一个人的精力是有限的，没有足够的精力投入事业上去，那么这项事业肯定是难成气候。专心致志的人总是受到人们的赞赏，他的事业往往也会比三心二意的人成功的机会大。

把你的意志集中于现在时刻，就会产生巨大的能量，就如聚集在一起的光束可以点燃一切，假如你能专心致志于你现在正在进行的事情上，你也会走向成功。

第六，意志不坚定

成功者之所以能够成功，就在于他们顽强地在自己的事业上坚持下来。

美国社会学家特莱克考察了许多成功人士，发现他们具备一个共同点：那就是坚韧不拔的精神。

"亚洲影业皇帝"邵逸夫先生就是一个意志坚定、具有坚韧不拔精神的事业有成的典范。

他原是一家漂染厂老板的儿子，但他喜欢电影业，他当时想，要发展未来的电影事业，在电影市场的竞争中获得优势和成功，就要认定自己的方向，坚持自己的目标，勇敢地走下去。

邵逸夫首先买下了一家戏院，开始了他的创业之路。由于当时军阀混战，公司被迫迁往新加坡。

后来，战争使他在各地多年苦心经营的事业毁于一旦，但他没有退缩，以他坚韧不拔的毅力苦撑到战争结束。又在战争废墟上重建自己的事业。是邵先生的顽强精神和坚韧不拔的意志使他的事业再一次获得成功。

成功取决于坚持不懈的努力，正如一位哲人所说，在道路的每个拐弯、曲折的地方，我们必须坚持住，因为绕过下一个拐弯，下一个曲折，可能就是我们成功的指南。

第七，浪费时间

有效利用时间就是能够在一定时间内完成更多的事情。有效地利用时间并不是节省时间。实际上，时间是没法节省的。因为不管你如何用它，时间总是一样会过去的。人们所能做的，只是更有效地运用时间来达到自己的目标。

成功者为了避免浪费时间，在工作和竞争当中往往采用医院的"紧急治疗类选法"来处理问题，即指定一个优先照顾的顺序。把生存希望仍很小的病人，放在最后处理，把存活率高的人最先处理。

不仅时间，其他方面的道理也是相通的，最大限度，最有效地利用你的资望，定会事半功倍。

第八，过于依赖机遇

机遇是非常重要的，比如在美国："那些在 19 世纪下半叶控制美国企业的实力雄厚的资本家只是些寻常的人物，只是他们用以获取财富的技术手段已经改变了。"那些重要的企业家之所以能出人头地，是由于他们抓住了机遇，那个时期的美国是不乏机遇的。

如果当初他们不去冒险的话，这种机会很可能被别人得去。这些实力雄厚的实业家左右着他们的时代，而时代也赋予他们纵横驰骋的舞台。

然而，抓住机遇，但不要迷信机遇，机遇并不是见谁爱谁的，她总是垂青于那些有所准备的人。

人们总是认为机遇对每个人都是平等的。但事实上并没有绝对平等的机遇，如果只是消极地等着机遇光顾，而不去主动出击，通过自己的努力创造机会，那么，等来的也只会是一场空。

而过分地依赖机遇，往往会使一个人平生懈怠心理，不愿再扎扎实实地努力，是很有害的。

所以，对于机遇，你一定要抱有正确的态度，要以清醒的头脑，敏锐的洞察力去审视周围，有机遇则大干一场，时不利己，则灵活对应。

第九，情绪悲观

对一个企业、一个政府部门来说，乐观和热情就像减少摩擦的润滑剂一样。

乐观能使人对新的选择或方案持开放的心态，能够使人以一种愉快的心情和积极的心态来看待和处理他所面对的问题。

相反，情绪悲观，则让人始终沉浸在郁闷、消极的心境里，对于出现的问题也无心去解决了。

在你周围，每个人的能力不会相差得太悬殊，每个人的机遇也是大致均等的。因此，在你的集体，你总想能取得竞争的胜利，占据竞争的优势，这个想法是不太正确的，也不大可能。

你和合作伙伴中的任何人一样，既有在合作中的竞争胜利的可能，也有失败的可能，成功了，固然可喜可贺，但失败了，一定要想得开。你必须明白：阳光不可能每时每刻都照耀着你，而不去照耀一下别人，每个人都会经历到竞争失败的结果，即使失败了，自己的情绪也应该乐观，不要始终深埋在悲观之中，好像觉得自己永无出头之日一样。

你如果暂时受挫，你不妨笑着面对现实，并且向你的对手表示友好和祝贺，这既能在你的合作者中显示出大将风度，又能树立战胜失败的信心。

一次挫折，并不意味着你以后一次一次竞争都会失败。即使受挫，在保持乐观情绪的情况下，认真总结经验，分析自己失败的原因，你的竞争对手获胜的原因，那么在下一次较量中你很有可能尝到胜利的果实，把失败的痛苦留给你的对手。

　　相反，如果你一旦失败，便情绪消沉，一蹶不振，那么，你在下一次竞争中会再次名落孙山，那就真的永无出头之日了。"失意勿丧志，得意勿忘形"，古成大事者，谁不是磨砺出来的呢。

凌波微步让你独立潮头

　　在金庸的小说里，凌波微步是一种十分神秘而优美的轻功。学会这种功夫的人身轻如燕，如《洛神赋》里的仙子。在现实生活里，我们要善于练"轻功"，紧随时代的潮流，又要敢于反潮流，踏浪独行。

　　社会上经常会出现"热潮"，就像 20 世纪末人们纷纷涌向东南沿海一样，有些人发了财，有些人却流落街头。上帝给我们每个人一个发财梦的时候会很大方，但给我们一个发财机遇的时候却很吝啬。在任何一次"热潮"中，淘到金子的永远只是少数，而大部分人只是白费时光，一无所获。但每次热潮的出现又是那么诱人，使得一些涉世未深的人情不自禁地误入其中，这个时候，就应该及时醒悟，跳出圈外，找到新的目标，另谋发展。

　　实际上，这种清醒本身就是一种大本事。而这时候如果学会与自己的感性斗气，让理性校正自己的目标，就会少犯很多错误，少走很多弯路。

　　享誉全球的美国饭店大王希尔顿的成功，幸运所占的成分很少，除了天赋的才能之外，早期生活的磨炼是其主要因素。他的真正艰苦生活，是从 20 岁开始的。老希尔顿在经济低迷的情况下，被迫结束了他的皮货等生意，举家搬到一个小镇上去，开了一家只有 5 个房间的旅馆，招待过路的客商。

　　在他父亲这家小旅馆中，希尔顿的主要工作，是到火车站去等车接客人。听起来这好像是个很轻松的工作，实际上却是苦不堪言。

　　这个小车站每天只有 3 班车，但安排的时间却好像存心整他似的，一班在中午，一班在午夜，另一班则是凌晨 3 点。

　　"在严寒的冬天，一夜之间从被窝里爬起来两次，冒着刺骨的冷风到车站去等客人，这种痛苦的滋味，在我心灵上留下永难忘怀的烙印。"希尔顿后来坦白地说。"当时我对旅馆生意产生了很恶劣的印象。"

　　除了接火车之外，还要做其他的杂务工作，如照顾客人吃饭，替客人喂马洗车等，从早上 8 点钟开始，要一直工作到晚上 6 点。这样一来，每天的睡眠当然不够。夜间两次去接火车，都要别人叫半天才能起得来。有时候他父亲气起来，会大吼一声："康拉德！"把店里的客人都惊醒了。

　　在希尔顿接待的客人中，曾有一位叫巴岱的。巴岱劝他离开小镇，到新兴的、人口众多的地方寻求发展。对野心勃勃的希尔顿来说，这句话发生了很大的作用。如果不是另外一件大事冲淡了他这次"出外创业"的狂热，也许他在 30 岁以前就成功了，却不会变成饭店大王。

　　1912 年元月，新墨西哥成为美国的一个州，希尔顿决定要搞政治，竞选该州的首任参议员。他为了训练自己演说的才能，买了很多书籍，按照书上的方法，练习演讲的表情和手势，并大声地念演讲稿。

　　尽管他不顾家人的抗议，仍然天天练习演讲，结果还是没有派上什么用场，因为给他说话的机会太少了。

　　自此之后，他开始厌恶政治活动，决心开一家银行，地点在南部的圣安东尼奥。

　　1914年，第一次世界大战爆发，刚开业不久的希尔顿银行便关了，他参加了陆军，以中尉军官的身份开赴海外作战。等他退役回来，他父亲已经去世了。

　　希尔顿在家里待了一段时间，"到外面创业"的雄心又燃起来了，他带了5000美元跑到阿布奎城，又开起银行来。

　　不久，他就发现以5000美元的资本在银行界求发展，简直是笑话。

　　他开始失望了，干什么好呢？

　　在他彷徨无策时，巴岱那句"在新兴地区求发展"的话，又涌上他的心头。"对！"他对自己说，"何不到德州去看一看？"德州的塞斯库，是当时石油开发地区的一个新兴城镇，这里早先的居民，多以牧牛为生，自地上冒出石油之后，这个小城的寂静气氛已荡然无存，一天到晚都是熙熙攘攘的人群，好像是一个永远不歇的市场。希尔顿就在这个喧嚣的城里住了下来。

　　这时他的心情很激动，大有"生死在此一举之势"，天天睁大眼睛到街上去找机会，看看应该干什么好。

　　他也想到当时最热门的工作——去挖石油。他听说过，有人在一夜之间成了巨富，但也有人倾家荡产挖不出一滴石油。不过，希尔顿没有投入石油潮的洪流中，却不是完全因为怕失败，而是没有足够的资金。

　　他在塞斯库城的大街上闲逛了几个星期，仍然没有拿定主意该干什

么好。他开始着急起来，心中也开始滋生出失望的意念来。这时他已经
31 岁，不但一事无成，甚至于还不知道该做什么好。

"难道一生就这样蹉跎过去了吗？"他不止一次地这样问自己。

不久，他又尝试收购一家银行，终因资金不够被碰了一鼻子灰。

愤怒、失望，使希尔顿一下子虚脱了似的，感到浑身没有一点力气。
他颓丧地走进玛布雷旅馆，想找个房间休息休息，但里面已经客满。

事实上，"客满"一词并不足以形容旅馆里的拥挤情形，每个房间
都是分 3 次出租，每个客人只准住 8 个小时，超过 8 个小时就要加倍付
钱。换句话说，如果一个房间你租用 24 小时的话，就要付出 3 次租金，
也就是说要比其他地方贵 3 倍。

希尔顿听到这种情形感到很惊奇，当年他帮父亲开旅馆时，其冷清
的情形跟这里比简直是天壤之别。

"这样贵的房租，客人不会抗议吗？"希尔顿和站在柜台后面的旅
馆老板聊起来。他已经喝下一杯威士忌，精神感觉好了一点。

"抗议？"旅馆老板理直气壮地说，"谁嫌贵可以不住，没有人强
迫他。"

在希尔顿所受到的熏陶中，做生意是"和气为贵，顾客至上"的，
旅馆老板的态度又使他大吃一惊。同时他也在心里想：这个家伙用这种
态度对待客人，生意都这么好，如果再和气一点的话，生意岂不是更好。

"话是这么说。"希尔顿说，"客人花了这么多的钱，总应该对人客
气一点，我看你刚才替那位客人倒酒很不耐烦，对我也是一样，这不大
好吧？"

"你少在这里啰唆！"旅馆老板不耐烦地拍着柜台说。"爱住不住，

就这样老子还不愿意侍候哩。"

"那你干脆把它卖掉不就得啦，何必自己生闲气，也惹得客人不愉快？"

"老子早就想把这个破店卖掉了，可是没有人要，有什么办法。"旅馆老板两手撑着柜台，虎视眈眈地瞪着希尔顿说，"你想想看，在地上随便一戳，就能冒出石油来，谁有心思来照顾这个烂摊子？"

"你是真的想卖掉吗？"希尔顿不相信地问。

"我骗你干吗，要是有人肯买，我马上就交班。"

"你想卖多少钱？"

"怎么，你想要吗？"

这时，使希尔顿愣住了。他完全是闲聊的性质，根本没有想到要把它买下来，是经这一问，他脑子好像被什么震了一下，一个想法马上涌了上来：我把它买下来不是很好吗？

"你先说个价钱看看。"希尔顿说。

"如果你真想要，咱们干脆一句话，凑个整数，4万。"

"能不能再少一点？"

"不行，如果是半个月以前，少于4万块我是绝不卖的。这几天我是真腻了，恨不得马上就带着人挖石油去，所以才减少了，再少就不像话啦。"

"三万七，马上付现款，怎么样？"希尔顿此时身上带有因准备收购银行而筹借的3.7万元现金。

对方蹙起眉头上下打量着他，不知是怪他不干脆，还是怕他……没等对方开口，希尔顿又道："我身上只有三万七千元的现款，假如非4

万不可，另外 3000 我过两天再给你，是否可以？"

"可以。"对方答得很干脆。

希尔顿把准备买银行的钱掏出来，交了过去，当对方在点钱时，希尔顿在盘算着找个什么人来做见证。

旅馆老板数好钱，把它重新捆好，然后对希尔顿说："我来给你介绍一下。"于是，他用力拍着柜台，拉开嗓子对大厅里喝酒的人喊道："各位绅士们，请静一静，从现在开始，这个店就属于这位……"旅馆老板打住话头，探过身子来问希尔顿："你贵姓？""希尔顿。"

于是，旅馆老板拉着他的手举起来，又继续喊道："从现在开始，这个店就是这位希尔顿先生的了。"

在众人起哄的嘈杂声和掌声中，希尔顿拥有了他的第一家饭店，也等于是为他未来的饭店王国铺下了第一块基石。后来有人问他："当人们都疯狂迷恋石油致富的时候，以你对事业的雄心，当时为什么会想到经营饭店？"

希尔顿用反问代替回答："照阁下的看法，我当时去挖石油好，还是开饭店好？"

"可是，听说你那个时候，一直很讨厌饭店这一种生意，怎会突然改变念头？"

"做生意不是读书研究学问。"希尔顿说。"只要看准能赚钱，兴趣是随时可以改变的。"看起来，希尔顿买玛布雷饭店好像很突然，所以一直引起人们浓厚的兴趣。事实上，到德州后的这段时间，看看这一新兴地区的欣欣向荣的景象，他就在孕育建立一个庞大企业的构想。但是，他有一个大的原则深藏在心里，那就是要做"包赚不赔的生意"，最低限度也要风险极小才行。

也正因为他有这样一个不足为外人道的想法，所以到了德州后才迟疑不决，不知该做什么好。有人曾拉他合股开油井，他没有答应。一来是他不愿合伙做生意，再就是他没有雄厚的资金做后盾，怕手中仅有的一点钱泡了汤。当时有好多开油井的人因资金的后力不足而弄得半途而废。

所以，当他一看到玛布雷旅馆的生意这样好，而老板又有意出卖时，就毫不犹疑地买了下来。他当时的想法是：这一地区必定因石油而繁荣起来，那么旅馆业的发展也一定大有前途。

说起来这是个很浅显的道理，但在当时大家都沉浸在一窝蜂投资开油井的狂热中。希尔顿能冷静地想到这一点，正符合商场上"出奇制胜"的原则。以当时的情况来分析，投资于旅馆业的确是既稳妥而又有前途的事业。而他的这一选择最终使他成了饭店业的鼻祖。

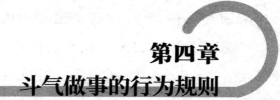

第四章
斗气做事的行为规则

　　这里的规则包括国家法律、行业规定、一些约定俗成的做法，也包括一些不便言明但作用明显的潜规则，在社会上做事，脑袋里必须坚定这样一个想法：对这形形色色的规则还是乖乖地遵守为好。

先洞明世事，再采取行动

不打慢的、不打懒的、专打不长眼的

　　一个人如果不明白自己所处的环境，不及时改变自己的策略，是很危险的。

　　汉文帝死后，太子启即位，即汉景帝。这时，自刘邦以来分封的诸

刘藩王势力日益强大，有了很强的经济势力和独立性。对于汉朝中央政权的稳固威胁越来越大，晁错就是在这种情况下登上历史舞台的。

但晁错虽然才识过人，却不谙人情世故，看不清时务轻重，只知一味前行，终不免落入败亡的境地。晁错的性格在一定程度上决定了他悲剧性的结局，而这种性格又是与缺少社会磨炼，仕途太顺有关。

晁错原是太子家人，景帝即位后，由于晁错的表现很合景帝的心意，就被由中大夫提升至内史。由于晁错是景帝的旧属，所以格外受宠，因此，晁错经常参与景帝的一些决策活动，他的建议和意见也多被采纳，朝廷的法令制度，晁错大都有所干预。这样一来，朝中大臣都知道景帝器重宠信晁错，没有人敢得罪他。

晁错接连升迁，就像一般人在顺境当中一样，难免会产生骄傲自大心理，他年轻气盛，真觉得世上没有做不到的事情。更想趁此机会大展宏图，一方面压服人心，一方面也是效忠皇上，于是，上书景帝，请求首先从吴国开刀削藩。

景帝平时就有削藩的想法，这次晁错又提出来，他就把晁错的奏章交给大臣们商议。大臣们慑于晁错的权势，没有什么人敢提出异议，只有詹事窦婴极力阻止。窦婴虽无很高的职位，但因是窦太后的侄子，有着内援，才不惧晁错，敢于抗言直陈。因为窦婴的反对，削藩之事也只有暂时作罢。晁错不得削藩，便暗恨窦婴。

晁错仍没有放弃削藩的念头。他想为汉室建立千秋功业，准备削平诸藩，一统天下，可在当时，时机并不成熟。反对的势力要强得多，而晁错恰恰忽视了很多人并不拥护他的事实。

不久，窦婴遭到横祸，再没有人敢直接阻拦晁错削藩了。于是，他首先向楚王下手，借楚王刘戊进京办事之机，夺了他的地盘。

削平楚王之后，晁错更加踌躇满志，随后，他便向赵、胶西等藩下手，弄得诸藩人人自危，谋反之心渐生。

有一天，突然有一位白发老人踢门而入，见到晁错劈面就说："你莫不是要寻死吗？"晁错仔细一看，竟是自己的父亲，晁错赶忙扶他坐下，晁错的父亲说："我在颍川老家住着，倒也觉得安闲。但近来听说你在朝中主持政事，硬要离间人家的骨肉，非要削夺人家的封地不可，外面已经怨声载道了。不知你到底想干什么，所以特此来问你！"晁错说："如果不削藩，诸侯各据一方，越来越强大，恐怕汉朝的天下将不稳了。"晁错的父亲长叹了一声说"刘氏得安，晁氏必危，我已年老，不忍心看见祸及你们，我还是回去罢。"说完径直而去。

这时，诸藩见晁错毫无罢手之意，就开始采取行动了。以吴王刘濞为首，联络胶西、楚、赵、胶东、谐川、济南、云蓄随后造反，史称"八王之乱"。

吴、楚八国起兵不久，吴王刘濞发现公开反叛毕竟不得人心，于是打出旗号，叫做"诛晁错、清君侧。"意思是说皇帝本无过错，只是用错了大臣，八国起兵也并非叛乱，不过是为了清除皇帝身边的奸臣而已。

汉景帝这时已心乱如麻，连忙召集文臣武将商讨应对之策。众人虽不指明，但都想牺牲晁错，以求平安。晁错因此陷入危险的境地。

晁错平时得罪过的那些人，此时觉得正是报仇的好机会，袁盎就是其中一个。他建议除去晁错，景帝考虑再三，权衡利弊，决心采纳。

一天夜间，晁错忽然接到圣旨，要他立即入朝晋见皇帝，说有要事相商。晁错不敢怠慢，急忙跟随钦差而去，半路上说有圣旨宣布。晁错赶忙接着，原来是要处死他。此时，晁错无计可施，只能领死谢恩，旋即被处以腰斩之刑。

景帝又命将晁错的罪状通告全国，把他的母妻子侄等一概拿到长安，惟晁错之父于半月前服毒而死，不能拿来。景帝命已死者勿问，余者处斩。可怜晁错不识时务，竟至如此下场。

看清身边的"大气候"和"小气候"

一个人的能力毕竟是有限的，而且不是人人都能够作到"振臂一呼，应者云集"的。环境不容易被改变，不如先改变我们自己。只要看清周围的"气候"，然后灵活应对。只有这样才能明辨是非，趋利避害。

一般说来，社会"气候"是很难改变的。这种"大气候"一旦形成，通常几年，几十年乃至上百年不会有太大的变化。一个人在这种社会气候中只能接受，而不会有太大的改动余地。不接受也没法子，如屈原，发现自己生不逢时，"举世皆浊而我独清，举世皆醉而我独醒"，可结果呢，却不为世道所容，怀石沉沙。屈原虽死，但毕竟还留下了个清高的好名声。而大部分的人，虽然对社会不很满意，也只有混迹其中，没有逃避的出路。但是，"沧浪之水清兮，可以濯我缨；沧浪之水浊兮，可以濯我足"。只有这样，才能通权达变。管它什么清水、浑水，都可利用。比起"志士不饮盗泉之水，廉者不受嗟来之食"的死要面子活受罪来，多少还算过得去。千万不要跟社会过不去，否则，会死得很惨的。

"大气候"不易改变，"小气候"总还有让人发挥的余地的。一个人在家庭、职场的活动中，只要努力追求，总是有很大的空间的。

分清自己所处的"大气候"和"小气候"，明白自己的位置，清楚活动的空间、辨别生活的利害，采取适当的手段，对于一个人来说，并不是很难的事情。

在历史上，分清身处的大小气候与否，所带来的不同结果正反都有很多，张良和韩信就是很鲜明的例子。

韩信，淮阴人，少时"贫无行"，不会谋生，"常寄食于人，人多厌之者"。曾有一恶少年侮辱他，让他钻裤裆"市人皆笑（韩）信，以为怯（懦）"。但"其志与众异"。他母亲死，虽无钱财行殡，却找一处旁边"可置万家"的高敞地方作坟。他是位"忍小忿而就大谋"的"盖世之才"。他先从项羽，不受重用。又归刘邦，但犯罪当斩。临刑前他大喊："汉王不想统一天下吗，为何要杀壮士？"执行的滕公"释而不斩"。经萧何数次推荐，被封为将军后，破三秦，占关中，拔魏赵，下三齐，为汉的统一大业立下了汗马功劳，不愧是卓越的军事家。

韩信既有雄才大略，又有实际能力。也就是说，他能制定宏大战略，更能把宏大战略变成现实。因此，韩信应该是帝王之才，这就是刘邦对韩信不放心的原因，刘邦对韩信是利用的同时，又严加防范，恐其不利于己。

韩信在拜将之前，就向刘邦提出"以天下城邑封功臣，何所不服"的建议，表明他胸怀大志，意在封王，他不懂得分封制度在当时已不合历史潮流。在这方面就远远不如张良有见识。张良本来出身贵族，却看出分封制度已不可行；而韩信出身贫民，却满脑子分封思想。刘邦虽然曾"自以为得（韩）信晚"而任他为大将，但刘邦始终没有像相信、依靠萧何、张良那样把韩信作为心腹对待，因为韩信总热衷占据一方，封王封土，怎么让刘邦放心呢？

刘邦坐稳了江山之后，看到韩信握有重权，并且深得军心，不由得十分担忧。他宴请群臣，面对臣下的恭贺，也忧心忡忡。张良察言观色，明白了是刘邦害怕功高之人今后难以控制，就私下对韩信说："你是否记得勾践杀文种的故事？自古以来，只可与君主共患难，而不可与其同享福。前车之鉴，后事之师啊！我们要好自为之。"于是张良急流勇退，见好就收，他请求回乡养老。刘邦故作恋恋不舍状，再三挽留，最后封其为留侯。张良功成身退，终于保身全名，足见其先见之明。

韩信尽管认为张良的话有道理，但是对刘邦还是抱有幻想：自己对刘邦有过救命之恩。可是不久，便有奸佞之臣诬告韩信恃功自傲，不把君主放在眼里。刘邦更是不满于韩信的所作所为，不久，就设计解除了韩信的兵权。

至此，韩信终于心灰意冷。他后悔当初不听张良之劝告而遭此大难，不禁仰天长叹道："飞鸟尽，良弓藏；狡兔死，走狗烹；敌国灭，谋臣亡。现在天下大局已定，我也该遭殃了。"不久，又有人趁火打劫，诬告他要谋反，于是刘邦终于对他下了毒手，了却了一大心事。

对症下药，找到事情的症结所在

人生而自由，而无时无刻不在枷锁中

人和动物的不同，就是人会不好意思（当然还有其他许多不同点），特别是在为人处世的时候，许多人都会因为不好意思而不敢做这做那。之所以会如此，除了本身性格因素之外，传统的束缚及文化的熏陶也是重要的原因，所以有些人动不动就"哎呀，人家不好意思嘛！"。

从心理学的角度讲，不好意思都是自己认为的，也就是说，这是一种个人的反应，其实有些事根本与道德、羞耻无关，别人也不认为你其实有什么不好意思，但有些人就是不敢开口。

这种不好意思的心态有时很可爱，有益人际关系，但相对的，有时也会让人失去很多该有的权益及机会，因此，要想求人办事成功，就必须改变不好意思的性格特质。

当然，我们每个人都生活在一个传统之中，环境之内，一切的思想行动都要受到那个条件下施与我们的教育、影响、潜移默化的制约，所以西方哲人曾说过："人生而自由，而无时无刻不在枷锁中。"处世绝学告诫大家要把这一切的枷锁都挣断了，扫除一切与待人处世成功不相适应的陈规戒律，让求人办事者依照本能大胆地行动，主动出击。设想一下，一个戴着镣铐的剑客同一个身手凌厉、没有束缚的剑客比武决斗，那胜负在决斗之前岂不是就已经决定了吗？

《水浒传》里有一章写的是林冲在押解途中路过柴进府上，盘桓了几日。其间，柴进府里的一个武师听说林冲曾是东京八十万禁军教头，甚为不服，于是约他比试。林冲无奈之下与他比试棍法。但两个回合不到，林冲就跳出场外，甘拜下风，原来，林冲是带着刑具比武的，怎有不输之理。后来，柴进花了点银子，除去了刑具，接着比武。这次林冲没有了束缚，使起棍来得心应手，三招两式就将那武师打翻在地。

人们的很多行为有时候跟林冲的情况非常相似，这种思想上的束缚一日不除，人们就难以展开手脚，这是影响人们开拓进取的一个重大因素。所以，解放思想，开动脑筋是势在必行的。

一个人的美味，可能是另一个的毒药

（1）甩掉思想包袱

当今世界，已进入信息流通和传播高度发达的时代，任何一种思想可能传布世界各地。有关如何处世待人的书籍在世界各地更是大量面世，数以千万的人在阅读这些不乏真知灼见的书籍，试图从中找到一条能够尽快帮助自己走向成功，这些书究竟有多少功效呢？实在难以判断。的确，这些教人怎样处世待人的书中，指明了一条引导人们走向成功之路，但是作者往往忽略了他在书中指出的这些道路虽然曾经引导自己走向了成功，但是它不一定对众多读者同样有用，就像英国谚语所说："一个人的美味，可能是另一个人的毒药。"因此，这些书尽管说得头头是道，读者也小心谨慎地按照书中所讲的法则待人处事，结果却大不相同。就像两个人同时阅读同一本狩猎手册，使用同一种的武器，乘坐同一架飞机到非洲丛林里狩猎，他们寻找，追踪猎物的方式都完全按照书上所讲的丝毫无差，但返回的时候，一个人带回了狮子尸体，另一个却用狮子的身体做了自己的棺材。

学问都是一样，但接受学问的人不一样，使用学问者的具体情况不同，他们无法把学问同自己的情况完全结合起来。一个在书中告诉你怎样才能到达罗马，但你想走的路线和他走的路线不是同一条，他所告诫你所做的那些准备非但丝毫不能帮助你顺利到达罗马，反而会为你的累赘，这就是通常学问所不可避免的短缺之处。

（2）定好计划，提高自己

摆脱诸多思想和行动上的束缚之后，就可以放手发展了。但是，不能盲目地发展。首先得有明确的目标和切实可行的计划。"凡事欲则立，不预则废"，心里有个谱，然后干什么才好说。

生命比盖房子更需要蓝图，然而一般人从来没有计划过生命，得过且过。

成功人士和凡士俗人的差别，就在于前者有明确的人生计划，决定一生的方向，往前推订十年、五年、三年计划，最接近此刻的长期计划是一年；最后是一个月、一星期、一天。

订出一生大纲：你这一辈子要做什么？当然，有很多事。最好心里有个谱。你可以好好选择自己所喜欢做的事。

二十年大计：有了大致人生方向，就可以订定细节。首先是二十年。订下这二十年内你要成为什么样子，有哪些目标要完成。然后想想从现在起，十年后你是什么样。

十年目标：二十年大计可以分成两个十年计划，想象一下十年，时间相当丰裕，你可以好好计划一下。

五年计划：五年内的目标可以再细一些。可以参考一下我国的"八五"、"九五"计划是怎么制定的，个人的道理也一样。

三年计划：三年是重要的一环，一生大计通常只是简单的方向，而三年计划是最重要的单位。

下年计划：每年都要计划。要简单扼要，数字为主：像赚得的金额、认识的人数等。十二个月的计划不是谈谈而已，而是切实可行的行动纲领。

下月计划：认真地执行下个月的计划。以每月开始的日子开始算起，是最适合的日子。

下周计划：一个星期对很多人来说是一个很好的周期，安排好一周的计划，可以令你有条不紊地工作和生活。

明日计划：就是把要做的事情一一排出，然后一一完成。这种不起眼的工作，实际上是所有计划得以完成的基石，那就踏踏实实地做吧！

别被二十年大计吓倒了。好好写下来，修改是难免的。订计划是件愉快的事，而非一项任务，如果你的计划是一串上升的数目字，你很快会对它发生兴趣。

如果短期计划超过了九十天，你会对它丧失兴趣，把它分散成单项，然后逐一在九十天内完成。

只有你知道自己需要什么，这样你才能更肯定能达成目标。

其次，给自己的计划定个方向。

明确了计划的重要性那么应该从哪里开始设定目标？从最能使你提升的地方起步，通常，目标不外下面几方面：

金钱："有钱能使鬼推磨"，金钱往往是我们重要的目标之一；

健康：把健康列入目标似乎很令人意外。我们经常忽视身体的保养，直到有了病才知道看病。身体是革命的本钱，保持健康的体魄应该被列为你的目标之一。

家庭：你不可能为家人设定目标，因为各人有各人的目标。你却能为你的家庭订立目标，添置什么家具啊，换换装修啊，以及出游计划，购物计划等等。

个人的才艺成就：自己的外语、计算机或其他的如文学、音乐方面如何才能更上一层楼，也可以引入你的目标之中。

身份地位的象征：什么期限内达到什么职位应该是一个不小的目标。再说，与身份相衬的衣、食、住、行的设计要考虑到。

成功的诱饵：达到目的才有奖励。以这份自我鼓励来支持你追求成功，使你向前进目标迈进。有了它的刺激，才会使你更富激情。

最后这个计划的目标要非常明确，通常，目标具有四个要素：

第一步，首先自己要有绝对的信心，否则自己都在怀疑，那还算什么目标？

第二步，清楚的界定目标：如果你的目标含混不清，等于没有目标，只是愿望而已。目标必须明确、愈清楚愈好。比如，在某月之前，必须完成什么目标等等。

第三步，需要有强烈达成目标的欲望：这是你兑现目标的动力所在，如果自己都心灰意冷，干起事情来也会越来越泄气。

第四步，生动地想象目标达成后的情形，生动地设想成功的喜悦，那种心情会激发你的斗志。

拿减肥来说吧。

有个女孩身高 1.6 米，以前体重曾经达到 150 斤。她花了一个小时设定目标，十九个月后减轻了 60 斤，现在真是个小美人了。

她的做法其实很简单，她把她想要穿的衣服照片挂在床头，每天三次，想象自己穿起来多么美丽迷人。她的确吃了一番苦头，但到最后终于苦尽甘来，一切痛苦都消失得无影无踪了。她开始新的自我、新的兴趣、机会，和更具自信。吃得苦中苦，才能得到成功。而过去的痛苦很快就被成功的喜悦取代了。

"I HAVE A DREAM"（我有一个梦想）是李阳演讲时最喜欢引用的一句话。一个英语不及格、从未受过英语专业训练的年轻人，后来成为著名的英语新闻播音员、英语口语教学专家，全国近两千万人聆听过他的精彩讲学。

他被日本、韩国邀请讲学，成为 30 多个国家、100 余家媒体追踪采访的焦点人物。日本 NHK 向一亿多日本人现场直播了他的"疯狂英语"。他立誓要"在中国普及英文，向世界传播中文，让中文和英文成为并行于世界的两大主流语言"。李阳，在国际化竞争日趋激烈的今天，已成为知识改变命运的典范。

其实，李阳的"疯狂英语"之路并非人们想象的那么一帆风顺。

李阳并非生来就是英语天才。小时候，李阳只是一个平凡的孩子，他害羞、内向、怕见生人、不敢接电话、不敢去看电影，甚至做理疗时仪器漏电灼伤了脸也不敢出声……1986 年李阳考入兰州大学工程力学系。进入大学后的李阳，刚开始就表现平平，第一学期期末考试中，李阳名列全年级倒数前几名，英语连续两个学期考试不及格。

大学二年级上学期即将结束的时候，李阳已是 13 门功课不及格，他觉得很丢脸，告诉自己必须从灰色的生活中解脱出来！他选择了英语作为突破口，发誓要通过四个月后举行的国家英语四级考试。

这时的李阳，也像别人一样，开始大量地背单词，记叙文，练习做题。很偶然的一次，李阳发现，在大声朗读英语时，注意力会变得很集中，于是他就天天 到校园的空旷处去大喊英语，直到把历届四级考题脱口而出。十几天后，李阳来到英语 别人很奇怪地说："李阳，你的英语听上去好多了。"这句话提醒了他。李阳想：这样大喊大叫也许是学英语的一个好方法。

为了防止自己半途而废，李阳约了他们班学习最刻苦的一个同学每天中午一起去练习英语，大声朗诵，在兰州大学的烈士亭，李阳和他的同学顶着严寒，扯着嗓子喊英语句子。他俩从 1987 年冬一直喊到 1988 年春，4 个月的时间里，李阳通读了十多本英文原版书，背熟了大量四级考题。每天，李阳的口袋里装满了抄着各种英语句子的纸条，一有空就掏出来念叨一番，从宿舍到教室，从教室到食堂，李阳总是在不停地练习。4 个月下来，李阳的舌头不再僵硬，耳朵不再失灵，反应不再迟钝。在 1988 年夏天的英语四级考试中，李阳只用 50 分钟，就答完了试卷，并且成绩高居全校第二（第一名半年后参加了李阳亲自教授的口语培训班）。一个考试总不及格的李阳突然成为一个英语高手，这一消息轰动了兰州大学。

李阳的刻苦努力终于得到了回报。由于他的苦练，为他打下了良好的基础。他的排名也随之改变，综合素质大为提高。在兰州大学也渐渐有了名气。

1990 年 7 月，李阳从兰州大学毕业，被分配到西安的西北电子设备研究所。李阳没有放弃学习，因为他深知，要出人头地，超越自我，就必须痛下苦功。从宿舍到办公室，有一段黄土飞扬的马路，李阳每天从这条路经过，手里拿着卡片，嘴里念着英语，起初他是一个人，人人都称他为"疯子"，慢慢地，他的身后多了 1 个人、2 个人、3 个人……

同时，李阳坚持每天跑到单位的九楼楼顶上喊英语，躺着喊，跪着喊，跳着喊。冬天在雪花飞舞中大喊；夏天，光着膀子，穿着短裤，迎着日出大喊。就这样，坚持每天在太阳出来之前脱口而出 40 个句子，喊了一年半之后，李阳的人生道路又一次有了新的转机。

1992 年，李阳来到了广州，在 1000 多人的竞争中脱颖而出，考入了广东人民广播电台英文台。很快，李阳又成为广州电视台的英语新闻节目主持人，成为广州市最受欢迎的英文播音员和中国翻译工作者协会最年轻的会员。

随后的几年，李阳得了个外号："万能翻译机"，他曾创下过 1 小时 400 美金的口译报酬纪录，超过香港同行，成为广州身价最贵的同声翻译人。

为了指引全中国有三亿以上的人为"聋哑英语"而苦恼，为向更多的人推广自己学习英语的成功经验，李阳又开始向新的目标进发。1994年，李阳毅然辞去了电台的工作，组建了"李阳·克立兹国际英语推广工作室"，开始了苦行僧般的"传教"生涯。十年来，他不断总结，不辞辛劳，四处奔走向全国 100 余城市近 2000 万人送去"疯狂英语快速突破法"，通过报纸、电视、广播、杂志等渠道启发了很多人，使他们受益匪浅。

李阳以其明确的目标，艰苦的奋斗，终于走上了成功之路。吃得苦中苦，方为人上人，李阳是一个很好的例子。

歌曲"真心英雄"里唱道："不经历风雨，怎么见彩虹，没有人能随随便便成功"。没有谁生下来就是幸运儿。爱因斯坦说："所谓天才，就是百分之一的灵感加百分之九十九的汗水。"中国也有一句古训叫"勤能补拙是良训，一分辛苦一分收"。下苦功夫是通向成功的硬道理，这是一条千古不变的铁的规则。

二悟
找到最佳方法
谋取行事的最佳结果

每个人生活中总会有一些感悟，成功者悟到的是：成功，就必须用最佳方法去争取最佳结果。说白了，也就是行动的方法对头。谁都想出类拔萃，谁都想站在成功峰顶成为众人仰视的那个人，谁都想自己的事业、生活顺顺利利，成为朋友、同学、亲戚、邻居羡慕的对象。但是对多数人来说，在最美好的梦想和最残酷的现实之间，往往横亘一条深不见底的鸿沟，需要以正确的为人做事的方法做跳板才能一跃而过。

第五章
聪明做事凭的就是稳、准、狠

古希腊哲人阿基米德曾说过这样的名言："给我一个支点，我可以撑起地球。"其实，机遇对于一个人的事业和人生来说，就提供了这样的支点。但是如何抓住稍纵即逝的机会？有三个要点：稳、准、狠。掌握这三字箴言，你就可以像老鹰抓住小鸡一样，牢牢地抓住机会。

稳：小心行事，才能稳扎稳打

机遇总是垂青那些有准备的人

是的，机遇总是垂青那些有准备的人。否则，就算机会来了，你却手足无措，只能眼睁睁地看着它溜走。而且"机不可失，时不再来"，与机会失之交臂，是一个人再痛苦懊悔也难以弥补的。

机遇对于那些对人生怀有强烈欲望并准备为之奋斗的人来说是非常重要的。和珅登上政治舞台之前的第一声叫喊，便引起了乾隆帝的注意，正是由于他抓住了这瞬间的机遇，才能顺利地爬上了梦寐以求的高位。

乾隆皇帝，在中国历史上是一个赫赫有名的人物，在他统治时期，励精图治，开创了"乾隆盛世"，但后来却每况愈下，这与和珅不无关系。

和珅，钮祜禄氏，满洲正红旗人。他的父亲常保本是不知名的副都统，和珅年少时家境一般，至乾隆中叶，还不过是八旗官学生，只中过秀才。以这种出身，和珅要出人头地几乎是不可能的。乾隆三十四年，和珅在父亲死后承袭了三等轻车都尉之爵。从此就有了一定的收入，年俸为银 160 两，米 180 石。但这还不是主要的，这一世爵给和珅在政治上带来了转机，为他提供了一条接近皇帝的便捷之径。由于他的高祖是开国功臣，其后人就有可能随侍帝君，所以和珅袭三等轻车都尉不久，便于乾隆三十七年间实授三等侍卫，在侍卫处扈从皇帝。

乾隆四十年是和珅政治生涯的转折点。在这一年，和珅巧逢机缘，得见天颜，奏对称旨，甚中上意，从此便攀龙附凤，飞黄腾达。

一日，乾隆准备外出，仓促间黄龙伞盖没有准备好，乾隆帝发了脾气，喝问道："是谁之过？"皇帝发怒，非同小可，一时间，各官员都不知所措，而和珅却应声答道："典守者不得辞其责！"

乾隆皇帝心头一动，循声望去，只见说话人仪态俊雅，气质非凡，乾隆不仅更为惊异，叹："若辈中安得此解人！"问其出身，知是官学生，也是读书人出身，这在侍卫中是不多见的。乾隆皇帝一向重视文化，尤重四书五经，对一些读过四书五经的满族学生，当然更加另眼相看。所以一路上便向和珅问起四书五经的内容来。和珅平日也是很用功的，所以应对自如，使乾隆龙颜大悦。至此，和珅进一步引起了乾隆帝的好感，遂派其都管仪仗，升为侍卫。从此和珅官运亨通。一次偶然的机遇，便为和珅铺平了升迁之路。

和珅之所以能抓住机遇，是跟他平时的准备分不开的。

实际上，和珅不但不是一个不学无术的人，而且他还是一个颇通诗书的能人。拿他在狱中所写的两道《悔诗》来看，其中有"一生原是梦，廿载枉劳神"和"对景伤前事，怀才误此身"几句话，不次于李斯临死前上书之以罪为功，说和珅无才无能是不符合事实的。

据马先哲先生考证，和珅精通四种语文，这在清高宗所写的两次《象赞》里有明确记载：一在 1788 年（乾隆五十三年）《平定台湾二十功臣象赞》里说，和珅"承训书谕，兼通满、汉"；一在 1798 年（乾隆五十七年）《平定廓尔喀（今尼泊尔）十五功臣图赞》里也说，和珅"清文（即满文）、汉文、蒙古、西番（即藏文），颇通大意"。原注有云："去岁（乾隆五十六年）用兵之际，所有指示机宜，每兼用清、汉文。此分颁给达赖喇嘛，及传谕廓尔喀敕书，并兼用蒙古、西番字。臣工中通晓西番字者，殊难其人，惟和承旨书谕，俱能办理秩如"。（详见《八旗通志》卷首六）。当时满汉大臣中能兼通满、汉两种语文者，就比较罕见，象和珅一人能通满、汉、蒙、藏四种语文，确实难能可贵了。乾隆如此信任和珅，很大程度上也是用人用其长，和珅的才能是不能否认的。

而且，和珅工诗能绘事，非仅诵四子书之辈可比。诗有《嘉乐堂诗集》，不分卷，系与弟和琳、子丰绅殷德于 1881 年（嘉庆十六年）合刻本，其狱中《悔诗》两首，亦均收入。画则因和珅人品甚恶，不为世人所珍，很少留传至今。已故国际著名史学家洪煨莲（业）先生藏有和珅所作山水小横批一帧，绘于棉布之上。和珅不画在绢上，也不画在纸上，唯独画在布上，这布殆即当年英使马戛尔尼所贡之细密洋布，似为创举，可谓好事。据《乾隆英使觐记》载，称和珅为中堂，"中堂"系当时人对大学士兼军机大臣为真宰相的代称。马戛尔尼目睹和珅，说他英俊有宰相气度，举止潇洒，谈笑风生，木尊俎间交接从容，应对自若，事无巨细，一言而办。异邦人记当时人情事，自属可信。然则和珅之能得清高宗的独宠，20年如一日，又岂一般满汉大臣所能望其项背？

　　实际上，和珅在青年时代是相当刻苦的。他的诸多才能大都是在这个时候培养起来的。

　　在《清史稿》和《清史列传》中只记载：和珅"少贫无籍为文生员。"除此之外，有关和珅青少年时期的记载很少。但从笔记和野史中可以知道，和珅童年时曾在家里与弟弟和琳一起接受私塾先生的启蒙教育。到了少年时期，他们两人一起被选入咸安宫官学读书。这种学校一开始主要是为了培养内务府人员的优秀子弟而设立的。到了乾隆年间，除了继续供内务府官员的优秀子弟就读外，还大量招收八旗官员优秀子弟入学。

　　咸安宫官学的课程，主要有满、汉、蒙古语文以及经史等文化课。此外，每个学生还必须学习骑射和习用火器等军事课程。因为满族是靠武功"马上得天下"的，故清代前期十分重视军事课程。可见，咸安宫官学的学生绝非一般等闲之辈，他们都是从众多的八旗子弟中经过仔细筛选，择优录取的，这些学生不但品学兼优，而且相貌英俊，个个都是一表人才。在这所学校里任课的教师，绝大多数为进士出身的翰林，最差的也是举人。该校课程多样、全面、正规，要求严格，教学效果好，成绩显著，培养了大批为朝廷服务的干才。这说明咸安宫官学是清代各种学校中的佼佼者。在这里就读的学生，大多数是"人品"出众，才貌双全的八旗子弟。

和珅大概是在10多岁后进入这所学校的。由于他天资聪颖，记忆力强，过目不忘，加上他锐意进取，勤学苦读，所以经常得到老师们的夸奖。如后来得到他信任、照顾和提拔的老师就有吴省兰、李璜和李光云等。

由于和珅的刻苦努力和博学强记，在咸安宫官学学习期间，不仅四书五经背诵得滚瓜烂熟，而且他的满、汉文字水平也提高得很快，此外，还掌握了蒙古文和藏文。正如和珅在悼念其弟和琳的诗中写道："幼共诗书长共居"。此外，当时著名学者袁枚也曾表彰和珅、和琳兄弟"少小闻诗通礼"。这些都是说他们兄弟是有一定学问的。

和珅还练就了一笔好字，他的字看起来很有功夫。同时，他对诗词歌赋与绘画也很喜欢，虽不能说他的诗造诣高，但他是读过不少诗词的。就是由于这个时期打下的基础，才使他日后为官时充分施展了"才能"。

所以，当机遇来临之时，和珅当然稳操胜券，因为很大程度上，能力就是机遇。有机遇而无能力，也只会错失良机，争气又从何谈起。

为什么会错失良机？

有些人总是能够抓住机遇，而有些人却总是不能。同样是人，差距咋就那么大呢？

第一，懒汉不会有机遇

懒汉实际上是把生命当成一种负担来应付，他们对于任何事物都缺乏兴趣，这样的人即使机遇走上门来也会被他们关在门外的。

热衷于等待的人总是把希望寄托在明天，等明天吧！明天也许会更好，而明日复明日，明日何其多？从黑发少年等到白胡子老人，最后等来的只能是南柯一梦。把等待作为应付生命的手段，其本质就是懒惰。看见一只兔子偶然被树撞死了，于是就放弃了劳作，以为整天守在那里机遇就可以降临了，这种守株待兔的心态是懒汉们的共性。

第二，不懂交际的人没有机遇

获得机遇需要勤奋，但是仅仅勤奋还是不够的，还必须有很强的交际能力。俗话说：好马出在腿上，光棍出在嘴上。一个木讷不善于交际的人，就可能会失去很多机遇。如果我们仔细观察就会发现：那些成功的人士大多数都是善于交际的人。在现在这个竞争激烈的社会中，尤其需要多方面展示自己的才能，表现自己的能力，开拓更广泛的社会范围。如果一个人不善于推销自己，缺少朋友，自己的生活圈子就会越来越狭窄，信息也很闭塞，那么势必要失掉许多适合于自己发展的机遇。

一个技术工人由于工厂经营不善下岗待业，于是整天待在家里怨天尤人生闷气，闹得家里鸡犬不宁，在窝里横的人却不敢走出去，到社会上去闯荡。

另一个工人正好跟他相反，下岗之后整天在外面转悠，广交朋友探路子，很快就在朋友的帮助下找到几份兼职工作，收入比在过去的岗位上还翻了几番。

第三，害怕失败的人没有机遇

畏惧失败和缺少自信心是相伴而生的，畏惧失败的人本身就是缺少自信，没有自信自然也就害怕失败。

俗话说，失败是成功之母。其实失败是人生不可避免的考验，任何人都不可能没有经历过失败。要想取得成功，就必须勇于面对失败，如果畏惧失败，就难以越过失败这道屏障去取得成功。

在体育项目中有一项是跑障碍，在这条路上，要越过独木桥，翻越沟壑，还要爬过高墙，每一道障碍都潜藏着危险，存在着失败的可能。但是，不越过这些障碍就永远不能抵达胜利的终点。

在人生的道路上也是一样，机遇也许就在障碍的那一端，如果我们缩手缩脚不敢前进，就永远不能同机遇见上一面。

第四，空想家没有机遇

一个年轻人去公司应聘，公司负责人告诉他只招聘助理，月薪三千。年轻人不屑一顾："我很早就开始打工了，我的前一份工作是在一个网站任总编，月薪一万！你说，我能做你这月薪三千块钱的工作吗？"

一个老板曾经说过这样的话："如果你想要毁掉一个人，你就给他高薪，高得让他自己都摸不着北，然后你再以小河滩养大鱼为借口，委婉地劝他另寻高就。他一旦离开你的公司，这个人就什么也干不了了。"

不切实际的空想家即使面对许多发展的机遇，也会被他眼高手低的标准衡量掉的。

第五，完美主义者没有机遇

俗话说：金无足赤人无完人。什么事情都不可能做得那么完美，如果真的达到完美的地步，那么离毁灭也就不远了，列宁曾说过，真理往前再走一小步就是谬误。凡事都要求尽善尽美者，结果往往因为在最后一点的差异上而前功尽弃。

有这么一个例子：一个野营的孩子要把一块木板钉到树上当搁板，完美主义者过来帮忙了："你应该先把木板锯好再钉上去。"于是完美主义者四处去找锯子，找来锯子锯了两下他又撂下了，说是锯子不快，他又去找锉刀，找来锉刀又需要按上手柄。他去砍树做手柄又发现斧子不快，为了磨斧子，他又琢磨要做一个木匠用的长凳。如此三番五次强求尽善尽美，原来很简单的事情——随便找一个东西能把木板钉到树上就完成了，可是完美主义者却屡费周折，非但当天没有把木板钉到树上，几个星期以后他居然追本溯源跑到城里购买成批器械去了。

完美主义者苛求完美，但殊不知，他的所作所为，只会使自己离目标越来越远。对于唾手可得的机遇，也会被他挑剔地扔掉。

第六，盲无目的的人没有机遇

一个孩子和他的父亲在雪地里比赛谁走得路线最直，于是孩子把自己的一只脚对准另一只脚尖，亦步亦趋地往前走，他费了好大劲走了半天，还是不直。可是他的父亲却是大步流星地直奔一棵大树走去，结果可想而知，父亲的足迹是一条既简洁又笔直的路线。盲无目的的人，即使再修饰自己的足迹，终究是徘徊在一个小圈子里无所作为，只有直奔目标的人才能够把握住机遇走向辉煌的前程。

我们都曾有过这样的体会：在临近考试的时候，我们的精力似乎特别旺盛，我们的记忆力也好得出奇，在短短的时间内我们就可以记住很多单词，掌握很多内容。可是在平时，无论怎么努力，花费的工夫和学到的知识总是不理想。这就是有目标和没有目标的区别。当我们面临考试时，考试成了我们唯一的目标，此时的大脑可以调动全身心的能量来为考试而努力。所以这个时候的学习效果非常好。

第七，见异思迁者没有机遇

人有一个最大的弱点：总是容易被外界环境所影响，被一些诱惑所左右。本来一个人练习书法很投入，可是看见朋友们认真地学画画，于是放弃了自己正在做的事情，盲目追逐别人的喜好去了。

广告效应其实正是利用了人们的这一弱点，于是对人们展示了诸多的诱惑。结果人们往往就被广告所左右。就拿饮料来说，其实自己喝的茶水就是最好的饮料，可是一听商家宣传这种饮料的营养，那种饮料的药用，久而久之耐不住诱惑，于是扔掉了茶杯撕开了易拉罐。喝来喝去又听专家断言：那些饮料还不如白开水干净。于是后悔不已。后来洋人说中国的茶是最好的饮料，才又觉得自家的茶是个宝贝。转了一圈，白白扔了许多钱财，糟践了身体，最后还得拾起自己扔掉的茶罐子。见异思迁者即使在机遇来临之时，也首鼠两端，干什么才好呢？于是，犹豫当中，机遇就弃他而去了。

第八，粗心大意者没有机遇

我们常常会看到这种现象：

有的人一关门就后悔不已。原来自己的钥匙忘在屋里了。

一个人急匆匆赶到火车站，可是一到检票时，才发现忘了拿车票。

火车启动了，有的旅客才发现自己上错了车，这时再怎么着急也无可挽回了

考场外一个考生蹲在那里哭，大家关切地过去询问，才知道忘了带准考证。

诸如此类的马虎大意者可以说在生活中比比皆是，钥匙锁在屋里破费点时间和钱财，找人打开就是了；乘错了火车，大不了耽误一天半天

也能挽回；可是准考证不带去，这一延误可是一年啊，或许就是一辈子的遗憾。

处世要深谋远虑，做事要胆大心细，这样才能稳稳地把握住机遇，否则眉毛胡子一把抓，懵懵乱撞，非但机遇不来光顾，祸殃却可能悄然降临。

准：出手就要定乾坤

机遇一旦来临，切不可手忙脚乱，大可沉着应对，要看准时机，抓住要害。这里的"准"字诀，就是要人们面对机遇不慌不乱，瞅准关键，然后抢先下手，牢牢掌握。

快人一步，占尽先机

很多商界成功人士的创业之始就与众不同，他们起步就快人半拍：金花集团总裁吴一坚初涉商海以 600 元人民币闯海南，半年搏回 3 个亿；兴宝董事长张兴民第一次向俄罗斯出口 20 万吨积压白糖，就净赚 4 亿元；软件大王宋朝弟第一次营销，一天净赚 500 多万元。起步的成功，为他们走向巨富打下了基础，缩短了成功的距离，成为行业的领跑者，先人一步抢占市场制高点。

那么，如何让自己成为起步的赢家？

陈东升，下海经商之前发现，在中国现阶段，最好的创富途径就是"模仿"，看外国有什么而中国没有，就可以做起来。有段时间，他经常在电视上看见类似的消息：某人在伦敦索斯比拍卖行买了一幅名画，然后电视画面上是一位长者，站在拍卖台上，"啪"地敲一下槌子。他想，中国有5000年的文化，有丰富的文化遗产，这个一定能做起来。于是，他创办了中国第一家具有国际拍卖概念的拍卖公司——中国嘉德国际拍卖有限公司。第一次拍卖额就达1400万元人民币。陈东升的成功源于他在起跑之前对一种商机的独到发现。

海王集团总裁张思民，在下海经商之前，看了《第三次浪潮》这本书，书中写到海洋生物商机无限，于是，他从北京南下深圳，想从海里捞取一种叫牡蛎的东西，希望从牡蛎里提出精华物，然后转化成胶囊。然而，半个月后，他身无分文，剩下的只是一个梦，一个关于海洋药物的梦。就是这个梦引来了澳大利亚的投资者出资100万美元，成立了"海王药业有限公司"，由张思民控股，第一年销售100万元，第二年销售300万元，第三年销售一个亿。张思民的起步之秘诀，是在他起跑前选准了一个好项目——商机无限的海洋生物。

赢在起步的企业中，也有第一步走对，中途遭挫，而一改初衷，结果前功尽弃的企业。因此赢在起步，就不能让它输在结尾。

湖北九龙集团公司董事长汪爱民，在她上任时，厂里亏损严重，她决定选准一个救活企业的产品。后来她根据市场需求选准了"整体式汽车动力转向器"。该产品试产成功后，因"一无资金，二无市场"，不但没有给厂里带来福音，反而债台高筑，企业陷入更深的困境。有人建议，将这个产品放一放，再寻找一个"短平快"的产品来解决全厂职工吃饭问题。汪爱民觉得，"整体式汽车动力转向器"既然是一个好产品，就不应该推翻初衷。眼前没有资金应该筹集资金，没有市场应该开创市场。汪爱民找到了一家港商合资，联合经营这个产品。产品出来后，销路出现问题。又有人动摇："积压那么多产品销不动，还不停产，岂不是要我们厂死？"汪爱民仍然不改初衷，为产品四处找销路。1995 年，东南亚国家向一汽订购一万辆装有整体动力转向器的汽车。深知汪爱民产品质量过硬的一汽，一次就向她定购 600 台，1996 年增到 3000 台，1997 年达到 6000 台，1998 年至 2001 年九龙集团连续 4 年保持利税在 5000 万元以上，企业资产总额从 1600 万元增加到 3.6 亿元……

创业的成功与否，起步是关键。

寓言"龟兔赛跑"的新版本是：说龟兔重新赛跑，赛跑开始后，乌龟按规定路线拼命向前爬，可当它到了终点，却不见兔子，正在纳闷之时，只见兔子气喘吁吁地跑过来，乌龟问其缘由："半路又睡了一觉？"兔子哀叹道："睡觉倒没有睡，却跑错了路线。"兔子输给乌龟，输在哪里？输在起步时选错了方向。

瞅准机遇，快人一步，开创商机，就可以使人们一步领先、步步领先。

小处着手，循序渐进

好大喜功，是中国传统文化的一个特点。眼高手低，是中国人的通病。"心比天高，命比纸薄"，就成为较普遍的状态。

相反，国外的成功学家则把"进步 10%"作为对学员的一种要求，讲的是成功需要循序渐进的道理。

　　从小小成功开始，就是要乐得做"小人物"。拿破仑在小时候，就在他居住了的小岛上做上了他未来的将军梦。他每天弄把大尺子，在岛上量来量去，嘴里还念叨着："在哪里布阵，在哪里冲锋"，忙得不亦乐乎。他还把小伙伴组织起来，扮成红、蓝两军，他"亲自"制定"作战方案"和指挥"作战"。就这样坚持了好几年。后来他那杰出的军事才能，和这样的"训练"有密切的关系。从士兵到将军，拿破仑的成功，鼓舞了许多平民出身的青年。从小小成功开始，就是要愿意做"小事情"。美国的一个青年，在轮船上做苦工。他所在的公司里，常常往南运送方糖，因海上空气潮湿，糖块往往在运送途中开始融化，损失巨大。这位青年经常思考解决的办法。有一天，他把目光注视到轮船的小窗上时，突然产生了一个"疑问"——为什么船上要有窗？答案是：为了通风。于是，他跑到货仓，在方糖盒上扎了几个小眼儿，让空气在里面对流。船靠岸后，扎过眼儿的糖完好无损。为此，小伙子获得了丰厚的回报。

　　小人物、小事情、小产品、小生意、小项目、小收获——可能大起来：可口可乐是"小饮料"？雷锋是"小战士"？每天记 10 个英语单词是"小进步"？积少成多、循序渐进、只要抓住机遇，何必管它是大是小呢？

　　从小小的成功开始，就是要将胸中的大目标分解成小目标，然后踏踏实实地一步一个脚印走向成功。将小小成功累积起来，就有了干大事的准备，就有了得天独厚的条件，就有了得道多助的空间。成功，甚至很大的成功，就会在"不经意"间唾手可得了。

狼：唯有铁手腕，方能定江山

老鹰之所以能够抓住小鸡，不但在于强大的实力、准确的出击，还在于其迅猛的凶狠的动作，还没有等小鸡反应过来就已经命丧其尖牙利爪之下了。抓住机遇的"狼"字诀是跟它相通的，其精要就是迅猛、凶狠。

兵贵神速，迅猛出击

《孙子兵法》提出的"兵贵胜，不贵久"的速战速胜的方针，被历代军事家所推崇。现代战争中，其快速程度已到了惊人的地步，胜负往往决定于谁能快几秒钟。以色列奇袭恩德培机场，堪称现代战争中"兵贵神速"的一个典范。

1976年6月24日，4名巴勒斯坦人和2名西德人劫持了一架从以色列特拉维夫飞往巴黎的飞机，并于6月28日降落在乌干达的恩德培机场。劫持者提出，以飞机上的100多名以色列人交换被关押在以色列等国的53名巴勒斯坦人，如果以色列政府不答应的话，他们将杀死人质，炸毁飞机，并定下最后的期限：7月4日。

就在航班被劫持的同时，以色列迅速成立了以总理拉宾为首的指挥部，下令集中反恐怖专家、军队有关部门负责人和外交官员，组成两个小组，分别以外交途径和军事手段解决这起劫机事件。

在外交官们与劫机者讨价还价的同时，军事小组的成员夜以继日地紧张工作，拟定了派遣突击队员奔袭恩德培机场，抢救人质的行动计划。

这一计划在一般人看来，无异于一个发疯的"集体自杀"计划。

乌干达离以色列 4000 公里，突击队远程奔袭一个敌对国家的首都，面对重兵把守的机场，要救出 100 多名包括妇孺老幼的人质并将他们安全带回以色列，简直是痴人说梦！而且两国间隔的埃及、沙特等国，都是以色列的敌国，这些国家有先进的雷达设备及其他侦察手段，一旦发现以色列飞机侵入其领空，他们的空军势必会加以拦截，这样不仅解救不了人质，连突击队员都生命难保。最令人担心的是时间：7 月 4 日是最后期限，营救人质的行动已到了必须用分秒来计算时间的紧迫关头，有谁能在如此短暂的时间内判明这份冒险计划的可行性呢？

然而，就是这个"集体自杀"的计划，很快竟由以色列政府通过！接着，以色列的战争机器紧急开动，靠了由设计奇迹到创造奇迹的以色列高效率的情报人员，利用一切可能的渠道，收集有关恩德培机场的情报。同时，精锐的突击队组建了，经过精密的考虑，选定 166 人组成突击队。而此时，已到了 7 月 3 日上午。

突击队员立即被带到沙漠深处的一个秘密地点。一座土木结构的机场候机大楼呈现在队员们眼前，原来，这是技术人员参照获得的有关情报连夜赶制的。

突击队员在这里进行了非常逼真的演练，从离机、换乘、行进到接触目标后的每一个具体动作，都进行了反复的练习，摸清了楼内每一个通道、门窗以及劫机者和人质的具体位置。在短短的一天时间里，突击队演练竟达 32 次之多。

7 月 3 日下午 2 时 30 分，随着以色列总理一声令下，2 架载着突击队员的 C—130 运输机，2 架波音 707 飞机，在 8 架 F—4 战斗机的掩护下腾空而起飞向充满危险的航程。

从 4000 公里外去袭击一个敌对国家的机场，其危险性可想而知，但在百余名人质危在旦夕的紧急情况下，任何犹豫都是绝不允许的。敢于在极短时间内对一项重大的事件定下决心，决策者必然具备高度果断的素质。

但果断并不等于鲁莽。为成功地实施这一计划，各个部门以极高的效率完成了准备工作，连救护伤员、飞机失事等各种意外情况都做了精心准备并进行了有针对性的训练。可以说，这个计划是大胆和谨慎的完美结合。

然而，再完美的计划也不可能保证完全的成功，况且是在如此特殊的情况之下，时间又是如此紧迫，各种意料之外的事情在所难免，怎么办？以色列认为，劫机者以为以色列根本不可能采取军事行动，这本身就是一个非常有利的条件，因为越是采用对手意想不到的行动，对他就越具有威力，这也就是孙子所说的：出其不意，攻其不备。但要达成战斗行动的突然性，关键因素是时间，以色列人对"兵贵神速"有深刻的理解。在现代战争中，时间是最关键的。他们清楚，在极短时间内制定的行动计划必然有许多缺陷，但弥补缺陷的方法只有一个，那就是"快"，一切要快，快到对方没有时间做任何的准备。

以色列突击飞机飞离以色列后把高度下降到 15 米这一大型飞机的低空极限，因为沿途的埃及、沙特阿拉伯国家的雷达网随时监视着以色列飞机的一举一动，而 15 米以下就是雷达的盲区。正是由于行动的隐蔽和迅速，使得原先设想的敌方拦截没有出现，阿拉伯国家做梦也没有想到，以色列庞大的机群已飞过了他们的身边。"兵贵神速"成为突击队的法宝。8 个半小时，航程 4000 公里的飞行，沿途敌对国家竟没有一部雷达发现他们的踪迹。进入肯尼亚后，1 架波音 707 降落在内罗毕机场，作为临时医院，另 3 架大型飞机于 7 月 3 日 23 时飞到恩德培机场上空。

当机场航管台向飞机发出询问时，以色列飞行员用事先编好的台词回答："这里是东非航空公司，从以色列运送来巴勒斯坦人"。在劫机者的欢呼声中，满载突击队员的飞机着陆了。与此同时，在乌干达的以色列间谍切断了机场对外所有的联络。就在飞机刚刚停稳之际，乌干达总统的坐车就到了机场，机场警卫刚上前迎接，一阵密集的子弹就把他们击倒在地。原来，这个总统是以色列间谍假扮的。

与此同时，由 35 名队员组成的第一组突击队的装甲车冲出机舱冲向候机大楼。突击队长用只有以色列人听得懂的希伯来语高喊："卧倒！"就在以色列人质趴到地上的同时，突击队的子弹如暴雨般扑来，4 名劫机者还未意识到发生了什么事就命丧黄泉了。也就在同一时刻，第二组 30 名队员用反坦克导弹击毁了乌空军的米格战斗机和一座油库，爆炸声中，11 架米格战斗机和 1 座油库化成了一片火海。第三组突击队 35 名队员也于此时攻占了航管台，摧毁了通信指挥设备。当乌军 1 个连增援部队接近机场时，遭到了担任掩护任务的突击队的阻击。在轰鸣声中，第一架满载人质和突击队员的 C—130B "大力神" 运输机迅速起飞。从突击队着陆到返航的第一架飞机起飞，只用了 53 分钟，比预定时间提前了 2 分钟，整个行动可谓 "迅雷不及掩耳"。当真正的乌干达总统率领装甲部队来到恩德培机场时，最后一架 "大力神" 也已呼啸着腾空而起，消逝在茫茫的夜空中。

从计划的制定到实施，以色列人使一次近乎"集体自杀"的行动获得了近乎完美的成功，以色列奇袭恩德培机场的行动说明，面对紧急情况，只要有敢于设计奇迹的勇气，当机立断定下决心，同时作好充分的准备，就可以制造出奇迹来。这一战例也启发我们，抓住机遇，一定又快又狠，才能成功。

抓住时机出手要狠

（1）李世民以狠制胜

唐高祖李渊有四个儿子。长子李建成，次子李世民，三子李元霸（早亡，未及争位），四子李元吉。在这四个儿子中，长子李建成由于排行最长被封为太子，为人也精明能干，次子李世民被封为秦王，四子李元吉被封为齐王，也算勇武超人。不过，战功最多也最有谋略的，要数次子李世民。

李渊还是隋朝官员，奉命镇压农民起义的时候，李世民已明白隋朝必亡的大势。他对父亲李渊说："您受隋帝的命令讨伐贼寇，难道贼寇真的能彻底消灭吗？"在督促父亲反抗隋朝时，李世民又说："今日破家亡国在于你，化家为国也在于你。"足见李世民的雄才大略。公元618年至620年，李世民打败了薛仁杲和刘武周两个强敌，平定了关中和中原地区。在公元前620年7月，李世民又开始进攻王世充。这时他才不过22岁，但富有政治家的雄才伟略，知人善任，采纳正确的意见，采取了正确的策略，一举击败了王世充和窦建德。后来又成功镇压了刘黑闼等人的起义，最后统一了全国。

太子李建成常随父亲驻守长安，帮助父亲处理军国政务，也算是一个精明强干的人。比起平庸的父亲李渊来，李建成在处理政务上已显示出了才干。但与弟弟李世民相比，却还有很大的不足。李世民南征北战，为统一天下，立下了赫赫的战功，麾下聚集了一批文臣武将，在军政各界享有很高的威望。不但如此，李世民野心很大，他不甘心做一个区区秦王，希望日后能当皇帝。但按照封建宗法制度。继承皇位的只能是太子李建成，况且李建成也算功勋卓著，而且也有很强的势力。这样，一场兄弟之间的争位火并就是势不可免的了。

从当时形势看，太子李建成集团处于优势，首先李建成是太子，是长子，名正且言顺，继承皇位是理所当然的事，社会舆论也多在他这一边；其次李建成有李渊的支持，在权力和名义上有可靠的保障；而李世民有文臣武将，私人武装比较强大，也有有利的条件，他本人威望高，群众基础好，富有作战经验，才略出众，更主要的是他手下人既精明强干又齐心合力，因而李世民的力量也是不能忽视的。

两派力量势成水火，就看谁心狠手快了。齐王李元吉多次蓄谋除掉李世民，皆未成功。而李世民也未示弱，他随后策划了"玄武门之变"。

经过周密策划，李世民在玄武门提前设下埋伏，意图一举除掉对手。

第二天，太子和齐王来到临湖殿前，忽然发现殿角有埋伏的士兵，感觉有变，立即警觉起来，他扯了一下齐王的衣袖，飞奔下殿，上马往玄武门逃跑。这时，伏兵尽起，李世民张弓搭箭，射死了太子李建成，尉迟恭射杀了齐王李元吉。其余太子和齐王的卫士也被尽数消灭。

就这样，太子李建成和齐王李元吉的多次蓄谋化为泡影，而秦王李世民则抓住时机，心狠手快，取得了胜利。

太子、齐王与秦王之间地位、实力相当，实际上谁先动手杀死对手谁便是皇权执掌者。在这一点上，李世民与他的谋臣武士都十分清楚，就是太子、齐王也想先发制人，争取主动权。不过李世民的确比他们高明得多，只有他才真正地巧用了"先发制人"之计。而且，李世民制造了有利的时机，心狠手快，比起太子和齐王的优柔寡断，胜负不就很清楚了吗？

（2）万寿堂手软留后患

20世纪20至30年代，在旧天津，有两家老字号的药店。一个名字叫济世堂，另一个名字叫万寿堂店。两家虽然离得很近，但他们相互之间泾渭分明，各做各的买卖，倒也相安无事。谁知到了30年代初，刘可发子承父业，他看不惯先父那种保守的经商之道，从价格、品种等方面对济世堂药店展开了全面的攻势，力图挤垮"济世堂"，从而使自己垄断天津的药店。

生意世家出身的刘老板果然身手不俗，凭着自己年轻、敢想敢干，加上有世家的底功，出手几招，就把"济世堂"搞得非常被动。在"万寿堂"的强大攻势下，"济世堂"经营每况愈下，虽然采取了一些补救措施，但已无法挽回败局，终于宣告停业。

刘老板大获全胜，自然趾高气扬，打算更进一步，称雄天津卫。他哪里知道，"济世堂"并未被完全整治垮掉，也没有到非关门不可的地点，凭实力，"济世堂"也完全可以再与"万寿堂"较量一番。但"济世堂"的老板却没有那样做。他不愿直对"万寿堂"的锋芒，弄个两败俱伤，而是避开"万寿堂"的正面进攻，采取了以退为进的策略迎接挑战。

既然不能与"万寿堂"同街经营，换个地方总可以吧？不久，"济世堂"在远离"万寿堂"的一条街上重新开张了，但铺面已比原来的门面小多了。昔日大药店的气派已不复存在。消息传到"万寿堂"刘老板的耳朵里，他不禁心花怒放："济世堂，你已经被我挤垮了，再也别想回到这条街上来与我抗衡、争地盘、抢顾客了。"得意之余的刘老板，心还不够狠，没有进一步施展杀招，而是放了"济世堂"一马。

过了一些日子，"济世堂"的又一家分号开业了，还是小铺面，也仍然躲着"万寿堂"。有人把这一消息告诉刘老板："'济世堂'又开了一家分号，买卖不错，没准是想东山再起，我们不能不防啊！"

此时的刘老板仍然不以为然："怕什么，那种小药店成不了气候，顾客看重的是大药店，我看他们是在一个地方混不下去了，不得已而为之，不用怕。"

后来，"济世堂"又开了几家类似的小药店，而"万寿堂"的生意也差不多，两家相安无事，以前抢夺"地盘"的恩怨，似乎已经过去。没想到，三年之后，"济世堂"突然杀出"回马枪"，宣布，自己将在老店旧址重新开业。

经过一番准备，"济世堂"又杀回了"万寿堂"的旁边。"万寿堂"的刘老板惊骇不已，他没想到被自己已经打趴下的"济世堂"还会东山再起，是自己造成了放虎归山之患。刘老板打算重新组织力量，再像三年前那样发动一次商战，趁"济世堂"立足未稳，把它再一次赶出去。可他很快发现，这已是不可能了。到这时他才明白"济世堂"在三年中，已经开发了一批分号，形成了一个完整的体系，而在其采取统一的经营，集中进货，分散经营销售，自然销量大得多。令刘老板吃惊的是，在自己的周围，早已布满了"济世堂"的分号，"万寿堂"已在"济世堂"

的层层包围之中。

自从"济世堂"总店恢复之后，买卖热闹非凡，十分红火，顾客络绎不绝，加上分号的销售，每年盈利丰厚。而"万寿堂"的生意则清淡了许多。

上述例子不难看出，当初，万寿堂药店的刘老板，心狠手辣在各方面针对自己的多年伙伴"济世堂"展开攻击，使"济世堂"处于劣势之下，好像"穷寇"已逃，然而在对手被打倒之后却心慈面软，没有紧紧地跟踪追击，从而埋下隐患，终尝恶果。

生意场上就是这样，对于竞争对手不能留下机会，因为他的机会就是你的坟墓。实际上在当今社会的市场竞争或个人竞争中的"狠"，已脱离了"心狠手辣"的原意，而是说做事要坚决，要做彻底。胜者只有一个，比如如今的高考竞争，你要想脱颖而出成为一个"争气"的胜出者，没有别的选择，只有以自己的成绩"狠狠地"把他人压在下面。

第六章
职场如战场, 做事当慎行

　　一个人能否手顺，决定着他的职业成就、事业成败。工作上一帆风顺，职位上步步升高，人活得自然就有成就感。但职场是如此复杂，要达到这一步又谈何容易。这里有一副对联形象地说明了这一点：职场如舞台，生旦净末丑全都有；成功似可期，进退坐卧行应谨慎。

怎样做，上级才会赏识你

要胆大心细地以老板的言行举止为第一

　　熟悉老板的兴趣、嗜好，适时地加以利用，是身为部属者的常识之一。这绝不是庸俗地拍马屁，因为既然已经形成上下级关系，而且上下级之间必然是以上级为主，那么就要尽可能多地了解上级、理解上级，多为上级分担一点，这样才能形成一个良好的合作关系，对自己的发展也是有利的。

如果你的老板是球迷，那么足球赛的战况是令他耳目一新的最佳听闻。

晚上陪老板到餐馆喝酒，要大声地点老板喜爱的菜肴与醇酒。明白老板对酒的品位，虽然算不上是奉承，却也轻忽不得。任何人对能把自己侍奉得服服帖帖的人，总是抱有好感的。

总之，要胆大心细地以老板的言行举止为第一，纵然是一条餐巾也要赶快递上去，西装外套不忘替他挂在衣架上。

当然，随时替老板点烟也是服务项目之一。

谈话中尽可能避开工作上的事情，针对外界的谣传、老板的嗜好等等，打开对方的话匣子，好好地扮演最忠实的听众。

千万别让自己成为闷声不响的跟屁虫。吵吵嚷嚷、欢声震天的气氛，必须由你竭尽全力来制造。

等将散席时，别忘了祝福老板的前程似锦，公司的业绩蒸蒸日上。这种时候是不必忌讳抢风头、越权的，越是客气小心越得不到老板的欢心。

依老板的喜好而相应顺从，偶尔也要求老板指导几招独到的心得，对老板亦步亦趋是最好的招数。

我们不妨引用一下犹太圣典中的名言，供大家反省，以为警惕。

心盲比眼盲更可怕。

强者——可以压抑自己的人。

叫自己拼命学习"我不知道"这句话。

一个铜板在壶内响叮口当，满是铜板的壶却闷声不响。

身为下属，就应该推崇老板的长处与优点，尽自己听命的职守。在一个组织之中，自有它的规矩与法则，必须依循公司的步调行事，顺从老板的领导。

了解老板的口味，最为困难的莫过于了解异性老板了

因为是异性老板，所以存在着诸多不便，但是精明的职员会处理得恰到好处。假如你是一位女性职员，而你面对的却是男性老板；或者你是一位男性职员，而面对的老板却恰恰是位女性。在此种情况下，自己究竟该怎样做才好呢？

在现代社会，男女各占半边天，女老板不在少数，而女职员也为数众多。因而，上述这一问题是普遍存在的现象。

其实，当你恰恰碰巧遇上这种情况时，也不要不知所措，还是存在解决问题的办法的。

下面一些原则，是你必须遵循的。

其一，逃避异性相吸引的行为。物理学上有一个规则："同性相斥，异性相吸"。然而，无论这一原则是否在人际关系上存在，你都要尽力避免它。

如果你正好遵循了"异性相吸"的原则，和老板的关系很亲密，那么，你不仅会遭到同事的议论和白眼，而且也会被老板视为一个"不祥之人"，从而把你排斥在晋升者的行列之外。

俗话说得好：好事不出门，坏事传千里。在工作中，假如你和异性老板有了比别人更为亲密的关系，那么即使实际上不是所谓的"办公室

恋情"那一类，也会被人们误认为如此。

人们似乎都有一种癖好，对男女关系问题往往具有一份特别的"热情"，喜欢对之进行宣传，夸张和描绘，似乎从中能获得一份特殊的快感。

假如你不幸成为人们眼中的靶子时，你的命运就悲惨了。出于消除影响这一目的，老板也会疏远你，或者干脆炒你的鱿鱼。

因此，在与异性老板相处时，首先要做的就是只把他（她）看成你的老板，而不要去管是同性还是异性。只有这样，你才能保持一颗平常心，在相处时也就十分坦然和自如了。

必须摆正你和老板的位置。要记住，这是在公司，而不是其他的任何地方，你的任务就是把自己的工作做好，此外就没有别的了。

在公司里工作，遵循"异性相吸"的法则，就是在进行"自杀行动"，倒霉的必然是自己。

其二，自古"红颜多薄命"。自古以来，就流传着"红颜多薄命"这样一句话，实际情况也的确如此。

红颜者，乃漂亮之女性。女性漂亮，理应该生活幸福、美满才对，为什么却偏偏相反呢？

难道真的如有些人所说，是"天妒红颜"？

事实上并非如此。

之所以"红颜多薄命"，原因却在于漂亮的女性一旦自认为漂亮时，就把漂亮当作自己比别人强的资本，并觉得凭借漂亮，便可征服一切。

实际上，这样想就大错特错了。正是由于这一致命的错误，才导致了人世间无数悲剧的发生，故而人们才发生感叹："红颜多薄命"。

在公司里，有这样一些女性员工，自觉长得十分漂亮，所以在老板面前便经常搔首弄姿，卖弄风情，而且不把老板的命令当作一回事。这样的员工，当然逃不脱"薄命"的下场了。

漂亮当然是一件好事。但是，如果因为漂亮就感到自己与众不同，可以搞特殊化时，那么，漂亮不仅不是件好事，反而成了坏事了。

正是基于自己思想上的错误，才导致了使优势成为劣势的结果。

因此，在男性老板的面前，女性职员应该摆正自己的位置，端正自己的思想和态度，不可因一失足而造成千古恨。

正确的做法是，保持一种和其他同事一样的心态，努力工作，发挥才能，靠自己的双手来为自己赢得升职加薪的机会。

其三，女人不是月亮。女性普遍都有爱慕虚荣的心理，即使身为老板也不例外。

因此，作为男性下属，应当尤其注意肯定女老板的价值。

比如，当公司业务取得较大进展，或者你在工作中取得了一些成绩时，你都要在女老板面前暗示一下，这些成就都有她的一份。

绝对不能忽视这些小节，而应当用适度的言行来肯定她们的价值，这样才能使她感到有种满足感，因而对你也就会另眼看待。

当然，在向女老板作出上述暗示时，也要注意分寸，别说过分的赞扬话和奉承话，因为这样做会适得其反，她们往往会把此看成故意的嘲弄或恶意的嘲讽，并怀疑你究竟安的是什么心。

女性在察言观色方面的第六感觉比男性敏锐得多，似乎一眼就能识破男性的谎言。

总之，你要在两个方面注意，一是不要把她当作月亮，让她感到自己本身不会发光，而是借着别人的光辉才照亮了自己，要充分肯定其价值；二是在实践第一条注意事项时，务必保持适度。

其四，柔刚并用为良策。女性在成为老板之后，往往表现得十分精明干练，完全是一副女强人的样子。因而，这使许多男性下属感到很苦恼，不敢充分表现出自己的才能，而只是唯唯诺诺、噤若寒蝉。

其实，这种作风很不利于自己的晋升，万万要不得。究其原因，是因为这种男性下属对女性心理的另一方面缺乏了解。

女老板虽然在表面上显得强硬和严厉，其实她们和别的女人一样，也有一种依靠心理。

因此，唯唯诺诺，优柔软弱的男性职工，并不能获得她们的好感。

相反，只有那种坚毅、果敢、自信和能够做出出色成绩的男职员，才能真正获得她们的欣赏。

记清了女性的这种心理，作为男性下属就应当表现出自己的才能，在工作中大胆进取，勇于开拓，成为一名有成就的职员。

但是，男职员在充分展示自己才华的时候，也不要把老板晾在一边，而应当把自己所取得的成绩中的一部分归功于她。这既是出于迎合女性虚荣心的需要，也是出于对女老板的尊重。

因此，男性职工在对付女老板时，务必遵循刚柔兼施的法则。

不懂得运用这一法则，你就无法获得女老板的欢心，当然升职加薪就更不可能了。

其五，男女不平等。有一些男性职员，根本不在意"女老板也是女人"这一事实，所以也就忘记了"女士优先"这一惯例，从而把自己推向不利处境。

他们这样做，还觉得很有道理：既然男女平等，各撑半边天，那么还管什么优先不优先干吗，我这样做才是尊重她们呢！

本来，采取上述行为就是一个错误，再加上持有上述想法，就更是错上加错了。

在现代社会，无论西方或是东方，都已形成了一种惯例：女士优先。

实际上，说是男女平等不假，但是，平等并不意味着"等同"，男人与女人之间的这种差别，事实上还是存在着的。如果忽视了这种差别，就会犯错误。

和女老板相处，男性职员应该时时牢记"女士优先"的原则，在需要自己作出奉献和牺牲的时候，不妨"潇洒走一回"。

身为老板的女性，实际上在内心深处更需要一种被关心的感觉，她们也希望自己被男性下属当作女人看待，而不是看成一个和男人等同的"母老虎"。

这是一种十分微妙的心理。

因此，男性下属要把握住女老板的这种微妙心理，处处贯彻"女士优先"的原则。这样，女老板不仅能感到自己受尊重、受关心，而且她还会认为这样的职员很有修养、很绅士。

当碰上有较高职位的空缺时，女老板当然会首先想到提拔这样的员工。

勇于做上司的"贴心人"

与老板相处得怎么样，对于你的工作环境、事业兴衰、处世前景、无疑具有重要意义。相处和谐，老板赏识你、重用你，你会工作得有兴趣、有劲头，事业兴旺、前景光明；相处不好，他给你穿小鞋、设障碍，你干得无心无绪、萎靡不振，或吃力不讨好，前景暗淡。若炒了你的鱿鱼，你得重新寻找工作。或许你并不稀罕在他手下的这份工作，或老早就想辞职另谋高就。但毕竟你是因与老板不和而被炒掉的，你不是主动辞走的，心里也总是不会好受。而不论你走到哪里仍然还要遇到新的老板，还得面临怎样与老板打交道的问题。除非你当了皇帝，做了终身总统。

与其这样，你倒不如做一个老板的"情人"。但这里的"情人"并不是生活中的情人，而是能够了解老板的疾苦，体谅老板的困难之处并给予适当的"帮助"，如果能够做到这一些，也就是知道老板处境和心情了，那么晋升的机会就在不远的地方向你招手了，但对于一个职业的白领，应该怎样做好这个"情人"的角色呢？

（1）首先了解老板，区分他属于什么类型，然后对症下药，设计良好关系方案，是合理交往的前提。

你千万不要替一个正春风得意，而又骄横、狂妄自大的老板出任何点子和主意。

这个人处处唯我是从、自我为中心、旁若无人、虚荣心极强。他不会把自己的部下放在眼里，部下只是他随意利用的工具，他几乎不相信他的部属里有在才能上超过他的人。并且对下属的意见往往充耳不闻。你给这样的人出点子出主意，那是白费口舌，徒劳操心。他也很难认同你，把你放在眼里，即使你有相当高明的见解，而且他也能明显地看出这点，而他也不会直接照你说的去办。他可能会凭借你的见解，变换一个花招，转换一个角度，拿出自己的方案，从而使你消失，突出和抬高他自己。也许他拖延实行你的主意，拖延久后便不了了之。面对这样的老板，别理睬他，干好自己的那份事就很好了。如果你有事情必须与他交往，而且有求于他，你只要虚晃一枪，稍微刺激一点他的虚荣心理，让他得到片刻满足，这时你会办事顺利。

你千万不要替一个庸俗无能，或僵化老朽的老板出非同凡响、富有创新意识的点子和主意。

庸俗无能的老板无法与一个精明能干的部下成为挚友。僵化老朽者也不可能爱护一个朝气蓬勃的青年。这样的人思维迟钝，反应缓慢，习惯于陈旧模式，本能地拒绝或反感新生事物。他的身子生活在现代，他的思想停滞在古代。你给这样的人出富有创新意识的主意无异于对牛弹琴。他无法理解你，不仅不会采纳你的意见，而且会对你生出反感，认为你这人心性浮躁、不踏实、不可靠，令你哭笑不得。你尽量避免和他打交道才是明智的。如果必须与他交往，有事求他，那么你可以拉开一些可以使他唤起美好回忆的话题——这样的人往往乐于回首往事，庸俗者常回忆他的成功，老朽者常回忆他的年轻时节。当他沉醉于斯，其乐融融之时，你可能办事顺利。

你千万不要替一个唯恐别人才能超越他的老板出任何高明的主意。

这个人才能平庸、政绩平平、心理脆弱，常患着恐惧病，担心他下属中的能人取代他。这是一种最不能容忍能人和强人存在的领导。你若为这样的老板出高明的主意，无意于自投罗网。他不仅不会接受你的主意，而且对你心存戒意，增加几分提防心理，只要他做得到，他甚至可以设法贬低你、排挤你，以至把你挤走。你很难在他手下做出什么惊人之举。与这样的老板交往，少说为佳。避开他的心病和痛处，或闲聊一些前途多么美好之类的废话他可能信以为真。

与上述狂妄自大型、庸俗无能型、僵化老朽型、患恐惧症型的老板在一起工作，总会觉得别扭难受，如果这些人不直接妨碍你所干的工作，你尽量避免与他正面接触，少去理睬他，你也许会脚踏实地，能够干出一番事业。

若你偏不信邪，明知山有虎，偏向虎出行。不管三七二十一，我行我素。那么，你将因此而生出许多无端的烦恼痛苦。你会被铲平，终将沦为平庸之辈。这是社会的悲剧，也是人生的悲剧——人有为赌一口气而不信邪的本能。

面对这样的老板，如果你是一个实力强大的积极进取者，有信心、有能力、有资本又有适应的社会背景，你完全可以想法打倒他，取而代之。这样的领导大多容易被打倒。打不倒就走，去另谋一个理想的工作环境以施展自己的才华。

与一个富有能力和才华，而且乐观开朗、胸怀宽广的老板打交道自然是一件十分愉快的事情。你可以免去许多提防，尽可以以诚恳之意与他交往。如果他偏向于能力型，但知识不如你广博，你多与他交往，吸取他的能力，增加你的经验和智慧。在此前提下，你可以自己知识上的优势为他出谋献策。如果他偏向学问知识方面，是一个学者型的领导，在实际经验和工作能力方面较为欠缺，或者不如你。你多与他交往，注意吸取他的知识。在此前提下你可以以自己的经验、工作方法方面的优势，为他出谋献策。结识你，得到你，他如鱼得水。你们将由上下级关系发展为朋友关系，或挚友关系。你必将一显身手，大展宏图。

不论面对什么样的老板，你总是叫苦连天，牢骚满腹，今天介绍张三不是，明天指责李四不对，后天汇报王五不行，似乎这世界唯你正确，唯你高明。那么，你是愚蠢的、无知的，你很快就会成为不受欢迎者，令人讨厌的人，令老板头痛的人。你的出息也就仅此而已。

如果你是一个中层领导，你总是向老板汇报你所管辖的那些人如何不听招呼，如何难以管理，夸大其词地说你的那个部门的工作如何棘手难办。那么，除了证明你的无能和平庸，不能说明任何问题。任何一个老板都不会对这类汇报抱有兴趣。

（2）老板的话外音。

老板对员工行为有时是点头认可，不见得是真正的认可，有时老板说"不"，也可能含有好几种意思。

由此，如果仅仅按照表面的意思去解释老板所讲的话，可能就无法体会到他的真意；一般来讲，人的话语中都含有言词之外的暗示，随时间、地点和说话者身份的不同，同样的话会有不同的隐喻。

老板说："好冷啊！"

这句话不见得只是告诉你天气的状况而已，也许这有"一起去喝一杯咖啡如何？"的意思；或是请你"打开暖气"的意思。

如果这时候员工说："根据天气预报，明天是晴，气温也会升高。"

这样就没有什么意思了，老板会感到很扫兴。本来想去喝一杯咖啡的兴致就没有了。

要明白老板话中的含义，也就是要抓住他的真意。如果你就某件事需要请老板出面，老板听你说后，说：

"我不必去了吧？"

这时候，你是说一句"哦，是这样，知道了"而退下去呢？还是再做一番劝说工作，要他答应到时去呢？这就要看你对老板这句"我不必去了吧"的话的真实含义是如何理解的了。

从这句话中可以听出，如果他真的不想去，他一般会断然地说"我不去"。可他却在这句话中用了"不必"和语气词"吧"，明显地含有半推半就的意味，这就是要你再去说服一下，以显出他的某种尊贵和达到他本来并不想去，是下属非要他去不可的效果。

此外，判断他这句话的真意，还可看他说话里的表情。如果他在说这句话时，表现出一种不耐烦的神情，或心不在焉的样子，一般就表明他确实不愿意去，如果他在说这句话时，面含笑容，或意味深长地看看你，说明"不去"并不是他这句话的真意。

赢得上司赏识的 18 条秘诀

在待人处世中，最需要处理好的就是上下级之间的关系，因为上司特别是你的顶头上司，和你的晋升密切相关。那么，如何才能赢得上司的赏识呢？处世绝学你给提供 18 条秘诀。

（1）忠诚。

上司一般都把下属当成自己的人，希望下属忠诚地追随他，拥护他。下属不与自己一条心，背叛自己，另攀高枝，或者"身在曹营心在汉"，存有二心等等，是上司最反感的事。忠诚，重情重义，经常用行动表示你信赖也尊重他，便可得到上司的赏识。

（2）精明能干。

上司一般都很赏识聪明、机灵、有头脑、有活力的下属，这样的人往往能出色地完成任务。出色地完成本职工作是使上司欣赏你的前提，一旦被上司认为是无能无识之辈，并戴上愚蠢和懒惰的帽子，那你就不会有出头之日了。

（3）谦逊。

谦逊自古以来就是中华民族所推崇的一种美德，就是在当今社会，我们虽然不主张在任何问题上都保持和气，但在与上司的相处中，谦逊还是十分重要的。因为谦逊表明你有自知之明，懂得尊重他人，有向上司虚心学习的意向；意味着"孺子可教"，谦逊可让你得到更多人的支持，帮助你取得更大的进步。

（4）关键时刻，要挺身而出。

古人说："疾风知劲草，板荡识诚臣"，在关键时刻，上司才会真实地认识与了解下属。人生难得机遇，不要错过任何展现自我的良机。当某项工作陷于困境之时，你若能大显身手，定会赢得上司的格外器重。当上司本人在思想、感情或生活上陷入困境之时，你若能妙语劝慰，也会令其格外感激。此时切忌沉默寡言，呆头呆脑，冷漠无能，畏首畏尾、胆怯懦弱。因为，这样只能让上司认为你是一个平庸之辈。

（5）诚实。

在上司面前，不要吹牛皮，说大话，谎报军情。弄虚作假之后，适得其反。上司若觉得自己被欺骗，将格外恼火，因为你把他当成傻瓜，就会极大地刺伤上司的自尊。从长远来看，通过欺骗上司而暂时得到的好处，是不可能长久地维持下去的。当然，诚实有诚实的艺术，一般要考虑时机、场合、上司的心情、客观环境等多个因素，否则，好心有时也会办坏事，招致上司的反感和不满。

（6）不要在上司面前斤斤计较。

虽然说，今天的国人已经承认了"利益"这个概念，大多数上司也考虑下属的利益要求，但是如果过于注重物质利益也并非对你有利。首先，如果纠缠不休地向上司提出的物质利益要求超出了他的心理承受能力，在感情上，他就会觉得压抑和烦躁。其次，如果"利益"是你"争"来的，上司虽然作了让步，但并不愉快。心理上也会认为你是个"格调"较低的人，觉得你很愚蠢。再次，如果你的上司是个糊涂虫，与他斤斤计较，反而会使你前功尽弃，"利"没有得到，"名"也会丧失。所以说，最好的办法是让上司主动地给而不是去"争"。

（7）与上司交谈时，不可锋芒太露，咄咄逼人。

君子藏器于身，待时而动。你的聪明才智需要得到上司的赏识，但在他面前卖弄才学，则不免有做作之嫌。上司可能认为你是一个自大狂，恃才傲物，盛气凌人，从而疏远你。

（8）提建议时不要急于否定上司的看法。

提建议时，多注意正面入手，特别注意提建议的方式要因人而异。对上司个人的工作提建议时，尽可能小心谨慎，必须仔细分析上司的特点，搞清他喜欢用什么方式接受下属的意见。大大咧咧的上司不妨用玩笑建议法，严肃的上司不妨用书面建议法，自尊心强的上司不妨用个别建议法，喜欢赞扬的上司不妨用寓建议与褒奖之中的方法等。注意，提建议时，不要当面顶撞上司，因为顶撞上司是最愚蠢的做法。

（9）主动找机会接近上司。

上司需要接近，了解下属，下属也需要接近了解上司，这是正常的人际交往，不必担心别人的非议而躲避上司。你若希望上司赏识你，那么就首先要让上司看得见你。

（10）不要在背后议论上司的长短。

俗话说，隔墙有耳，打小报告的人正在寻找材料以告密，你的议论为他的拍马屁正好提供了材料。倘若把你的话添枝加叶，传到上司的耳朵里，你辛勤工作的成绩可能会因几句牢骚话而付诸东流。

（11）多赞扬、欣赏上司。

赞扬不等于奉承，欣赏不等于逢迎。赞扬与欣赏上司的某个特点，意味着肯定这个特点。只要是优点，是长处，对自己有利，你便可以大胆表现你的赞美之情。上司也是人，也需要从别人的评价中了解自己的成就以及在别人心目中的位置。当受到称赞时，他的自尊心会得到满足并对称赞者产生好感，如果得知下属在背后称赞自己，必定会更加喜欢称赞者。

（12）上司批评你时，千万不要愤然作色。

对下属的工作，上司总要作批评。犯错误本身并不影响上下级关系，关键是犯了错误之后，接受批评的态度。被批评后，摆出脸色，会让上司认为你不服气，在做顽抗，而适当地做些自我批评，既可缓和僵局，更能使上司放心。

（13）体谅上司的处境，理解其难处。

设身处地地为他着想，有助于体会上司的心境。有些人单独工作干得很好，当了领导却手足无措，尤其苦于处理各种人际关系，并且还负有较大的责任。因此要主动地帮他排忧解难。在其犹豫不决，难下决断之时，主动表示理解和同情并诚恳地做出自己的努力，减轻上司的负担，会令他极为赞赏的。

（14）慎重对待上司的失误。

上司在工作中出现失误时，千万不要幸灾乐祸，袖手旁观，这会令他极为寒心。能担责任则担责任，不能担责任则可帮助他分析原因，为其开脱。此外还要多帮他总结教训，进行安慰，定会令上司感激不尽。

（15）掌握汇报情况的技巧。

一件工作是以上司的部署开始，以部下的报告结束的。部下担负的工作进行得是否顺畅，是上级最担心的问题。及时报告可缓解上司这种担心的心情。贻误拖延只会令上司不快。所以，及时报告有价值的信息，让上司及时了解情况。定会令他十分欢喜。

（16）准确领会上司的意图。

领会上司意图的关键在于认真听取他的讲话。在上司面前要去除自卑心理，要善于察言观色，并搞清楚里面隐含的用意。

（17）适当顺从与认同。

上司可能并不比下属优秀，但只要是你的上司，你就必须从命。人虽然都有一种争强好胜的心理，但对比自己强的人还是要接受的。因此有必要多寻找上司的长处做出尊敬他、学习他的姿态。凡是尊重服从上司的部下，即使最初上司对他没什么好感，也会逐渐改变印象。只要你认识到尊敬上司的必要性，就会从心理上消除对服从的抵触，从而摆脱那种耻于服从的心态。

（18）了解上司的好恶。

无论是谁，都会喜欢听一些话，而讨厌听另一些话，喜欢听的就容易听进去，心理上就会觉得舒服，你的上司也不可能摆脱这种情绪。下属要掌握上司的特点，倘若在汇报中使用一些上级平时喜欢使用的词，自会让他另眼相看。

另外，对上司的工作习惯、业余爱好等都要有所了解。如果你的上司是一个体育爱好者，你就不应该在他的球队比赛失败后去请示一个需要解决的其他问题。在任何时候都要记住：一个精明老练的上司，最欣赏了解他，并能预见他的愿望与心情的下属。而欣赏最终都会发展成信任。

为领导解忧，给上司争脸

紧急情况中大显身手

安德烈·卡耐基是美国宾夕法尼亚州一座停车场的电信技工。一天早上，调车场的线路因为偶发的事故，陷于混乱。

此时，他的上司还没上班，该怎么办？

他并没有"当列车的通行受到阻碍时，应立即处理引起的混乱"这种权力。如果他胆大包天地发出命令，轻则可能卷铺盖走路，重则可能锒铛入狱。

一般人可能说："这并不干我的事，何必自惹麻烦？"

可是卡耐基并不是平平之才，他并未畏缩旁观！

他私自下了一道命令，在文件上签了上司的名字。

当上司来到办公室时，线路已经整理得同从来没有发生过事故一般。这个见机行事的青年，因为露了漂亮的这一手，大受上司的称赞。

公司总裁听了报告，立即调他到总公司，升他数级，并委以重任。从此以后，他就扶摇直上，谁也挡不住了。

卡耐基事后回忆说：

"初进公司的青年职员，能够跟决策阶层的大人物有私人的接触，成功的战争就算是打胜了一半——当你做出分外的事，而且战果辉煌，不被破格提拔，那才是怪事！"

所以，当事情急迫到非打破常规不可时，你要动动脑筋，判断是不是值得冒险，一旦下了决断，就要奋勇直前，绝无反顾！

能成大器者莫不如此。

人生难得机遇，不要错过表现自己的极好机会。当某项工作陷入困境之时，你若能大显身手，定会让上司格外器重你。当上司本人在思想、感情或生活上出现矛盾时，你若能妙语劝慰，也会令其格外感激。此时，切忌变成一块木头，呆头呆脑，冷漠无能，畏首畏尾，胆怯懦弱。这样，上司便会认为你是一个无知无识、无情无能的平庸之辈。

把领导不愿承担的事情接过来

领导负责范围内的事情很多，但并不是每一件事情他都愿意干、愿意出面、愿意插手，这就需要有一些下属去干，去代老板摆平，甚至要出面护驾，替领导分忧解难，赢得领导的信任。

有些人很不注意领导愿意干什么工作、回避什么事情，往往容易得罪领导，惹出麻烦。某县化工厂因产品质量问题严重，引起社会关注。

省电视台记者到该化工厂采访时，最先碰到该厂办公室的陈夕阳，陈夕阳怕说不好承担不起责任，就对记者推卸道："我们厂长在办公室，他说了算，有事你找他去吧！"结果，记者闯进厂长办公室，把厂长抓了个正着，厂长想回避也躲不开了，硬着头皮接受了采访。事后，厂长得知陈夕阳不仅不提前通风报信，还说了那样一句话，很生气，很快把陈夕阳炒走了。

陈夕阳的教训很深刻，记者采访质量问题本不是光彩的事，按道理，从为领导着想的角度讲，他除了应实事求是地讲明问题的原因外，还应该维护领导的面子，替领导分忧，而不该把事情全推到厂长一人身上。

一般地讲，领导有几愿几不愿。

一是领导愿做大事，而不愿做小事

理论上讲，领导的主要职责是"管"而不是"干"，是过问"大"事而不拘泥于小事。实际工作中，大多数小事由下属来承担。

从心理的角度分析，领导因为手中有"权"、职位较高，面子感和权威感较强，做小事显然在他看来是降低自己的"位置"，有损领导的形象，比如打扫办公室卫生、打开水、接电话等都是领导不愿意做的。一个刚走上领导岗位的人讲："我最早也是从扫地打开水走过来的，也是从媳妇熬到婆婆的，这会儿轮着你们扫地打开水了。"

二是领导愿做"好人"，而不愿做"丑人"

工作中矛盾和冲突都是不可避免的，领导一般都喜欢自己充当"好人"，而不想充当得罪别人或有失面子的"丑人"。

梁凤仪女士在《如何与老板相处》一书中举了个实例，香港有位企业巨头，是出了名的好好先生，那是因为任何人跟他谈任何事，从来都不会得到否定答案。当然他并非有求必应的黄大仙。碰上他真想合作的对象或他肯出手相帮的情况，就会亲自出面，卖个人情。不然的话，一律由他的下属以各种不同的理由回绝对方的要求，他是不会露面的。

愿当好人，不愿演丑角的心理是一般普遍的领导心理。此时，领导最需要下属挺身而出，甘当马前卒，替自己演好这场"双簧"戏。当然，这是一种比较艰难而且出力不讨好的任务，一般情况下领导也难以启齿对下属交代，只有靠一些心腹揣测老板的意思然后硬着头皮去做。做好了领导心里有数但不会讲什么明确的表扬；如果下属因为粗心或不看眼神把领导弄得很尴尬，领导肯定会在事后发火。

三是领导愿领赏，不愿受过

闻过则喜的领导固然好，但那样高素质的人寥寥无几。大多数领导是闻功则喜、闻奖则喜，鲜有闻过而再者。在评功论赏时，领导总是喜欢冲在前面；而犯了错误或有了过失以后，许多领导都有后退的心理。此时，领导需下属出来保驾护航，敢于代领导受过。

代领导受过除了严重性、原则性的错误外，实际上无可非议。从单位工作整体讲，下属把过失的原因归结到自己身上，有利于维护领导的权威和尊严，把大事化小、小事化了，不影响工作的正常开展。从受过的角度讲，代领导受过实际上锻炼了一个人的义气，并使自己在被"冤枉"过程中提高预防错误的能力。结果，因为你替领导分忧解难，赢得了他的信任和感激，以后领导肯定会报答你，给你"吃吃小灶"。

以自己的表现弥补领导的不足

事情总有正反两方面，骄傲自大就是一例。有骄傲自大的人，一方面因为有"只要有我在"的气概去面对困难的局面，使人觉得其很有雄心，但从另一面看，如果太过自负而独断专行，则容易被人敬而远之。

作为上司和下属要有的心理准备是，干工作不仅要依赖自己的能力，同时也要知道个人的能力总是有限的，因此上司和下属应该学会相互依靠。

能干的下属，容易流露出轻视上司的情绪，这是十分危险的。如果真有能耐的话，就应以自己的能耐去弥补上司的不足，这才是正确的方法。有位名人曾说过：

"上司绝不是愚蠢的，如认为他是愚蠢的就是太自负了。"

其实，所有处在上司地位的人，总有超出别人之处，否则就没有办法做他人的上司。那种以为上司看起来很愚蠢的人，实际都是过于自负的下属个人的想法而已。

当然，人各有长。如果要分别比较，下属总有比上司高明的地方和时候，也有个别的下属在各方面都比上司强。不过，这种情况还是比较少见。因此，身为下属应该考虑如何弥补上司的不足。

A. 下属应该填补上司不擅长或能力不足的方面。技术干部出身的上司，如果不擅长与其他部门交涉，则下属应该负责与部门人员的交涉和谈判等事情。相反，如果上司擅长与人交涉和谈判，却不长于工作细节的考量和拟定详细的计划等，则下属就应该主动担负这些工作。

B. 如果下属以某种施恩的态度来承担这些工作，就会引起相反效果。

另外，下属有些工作，起初是为了替上司解难才承担的，如果弄得自己太突出，就容易招致误解：

"这家伙爱出风头。"

这并不是说下属不该替上司解难，而是要把这种替代工作控制在适当的范围内。

这种分寸不好掌握，既要帮助上司，又要保全上司的面子。

C. 不可踏入上司的圣域。尽快抓住扮演上司所需的角色。

的确，每一位上司都有他不可侵犯的圣域，也就是他最得意而引以为傲的领域。有些下属工作能干，却不小心在上司的领域里随便插嘴，或任意作为，这是很不好的。

上司总是认为，能够弥补自己缺点的能干下属，是可靠的；但是对上司擅长的领域也要插手的下属，会被上司认为爱出风头，如果经常这样做，上司就会警觉，长此以往，说不定会演变成敌对关系。

曾创造出号称"世界的本田"的本田宗一郎，有一位事业上的好伙伴，名叫藤尺武夫。这两个人被公认为事业上的"好搭档"，但彼此的性格和擅长却完全不同。本田是一位自由奔放、喋喋不休的人，而藤尺却是一句句有条有理地边想边讲的人。本田负责技术部门，藤尺专司销售部门，两个人从没有在对方的领域插过嘴。藤尺在经营方面发挥非凡的才能，但始终很尊重本田先生，他本人也从来不出风头。

直至现在，这两个人仍为大家津津乐道，且被视为绝佳的搭档，这完全是两人彼此信赖对方的能力，而不曾干涉对方领域造就的。

在日本，还有一对事业上的绝佳搭档，就是松下电器的松下幸之助及其助手井植岁男。这两位是完全不同的类型。松下先生属于前瞻性的人物，井植先生却刚好相反。松下先生高举理想的火炬，指出该走的路，井植先生就遵循松下指示的方向拟定计划，然后以非凡的能力将它一步一步实现。

首脑与副手的关系应该如此，领导者与下属的关系也应该如此。如想成为上司的得力助手而受信赖。应该要与上司配成搭档，努力成为他的好伙伴。以你的力量使上司发出光辉，其终极结果你也会发出光芒。

上司家里的工作，也是工作

与上司的家人套近乎

偶尔到上司的家做表示敬谢之意的访问，这也是一种增进别人对自己评价的方法。

对上司而言，部属的来访，的确是令人欣喜的事。一个连自己的直属部下都不愿亲近的上司，总是一个有缺陷的上司。

到上司家拜访做客，对上司的家人要积极给予赞美。对上司的言辞或和其家人的对话，要用比平常更有礼貌的态度一一清楚地应对。自己举手投足间，都要随时保持"高度的警戒心"。

由于经常地拜访，久而久之自然会跟上司的家人由生疏而变得熟稔，这时略可不拘小节，但不可以变成狎昵，而忽视应有的礼节。如果，你认为到上司家拜访，有些唐突。那么不妨借公事之机，如送封信呀，传达电话等等为借口，直扑上司的家中。一而再、再而三，你就成了上司家的熟客。切记：抓住时机，宜早不宜迟，是最大的关键。

"射人先射马"这是一句历久弥新的谚语。要讨上司的欢心，就先收买其家人的心，尤其是上司的太太。因此送礼物时礼物的选择，以上司夫人的喜好为第一要素，在上司家里吃饭时，对上司夫人亲手做的菜肴，更是不可忘记要大大地赞赏一番。

称呼上司的孩子时，要恭敬地说："您公子、千金"，并且尽量和上司的孩子打成一片。

要到上司的家做拜访时，最好事先请求同意，而在拜访结束后当天或最迟到隔天，就要打电话向上司的夫人道谢，并且写一封道谢函，最后别忘记写上并祝"阖家万福"。

切记不可因为经常拜访且已熟稔的关系而有所中断。礼多人不怪，这样越发能让上司感受到你的忠实度的确是始终如一，而加深其信用度。

探病慰问是与上司家人套近乎的良机

人一旦卧病在床，不论是谁都会变得懦弱，名声、虚荣也不再是最重要的，而像是最纯真的人一样。即使在商场政界上叱咤风云的上司也不例外，只要病魔缠身，就会垂头丧气，英雄不再了。而这正是下属与上司拉近关系的最好时机。

如果上司感冒发烧而请假。下属当天一下班，就带着礼物到上司家去探病慰问，谈话时并尽量避开工作上的话题。幽默的故事、逗趣的消息是最好的谈话材料，告辞时的祝福，更是要表现衷心诚意的样子。

最要不得的是，等到上司病愈恢复上班时，才愧疚地说些没去探病请原谅等之类的话，那无疑是画饼充饥，望梅止渴，马后炮反而令人反感。

探病慰问深具时效性，而且越快越好，优柔寡断的人容易错失良机，甚至招致反感。

锦上添花与礼尚往来

除了做好生日祝贺和探病慰问的事外，对于上司家的喜庆也要给予庆贺一番。

平常的喜庆事中，以上司的孩子通过考试或婚嫁等事，最是需要给予祝贺。

孩子考试，一向都是家里最关切的大事。一旦得知上司的孩子参加考试，等放榜一有好结果，马上以最快的方式向上司表达祝贺之意。

譬如刚好是到外地出差时，就打电话或电报。除直接向上司恭喜外，最好也向其夫人祝贺一番。然后再借个机会到上司家，给上司的孩子送个金榜题名的礼物。

若是上司的孩子有婚嫁之喜时，礼物礼金自是不能少的，对于结婚会场、宴客事宜等也都要主动出面帮忙。甚至当天带着相机替上司拍照，日后再以此作为送上司的礼，这不仅是很得人好感的事，也是拉近与上司间距离的最好时机。

5000 年来，中华民族是最讲礼尚往来的，只要你的礼物不要超出的太多太重，构成贿赂之嫌就行。

上司的亲属中有人去世，除亲自拈香参拜外，出殡和追悼会时还要去送行。这是一般人都做得到的礼节。

一个懂得与上司拉近关系的人，除香奠、参拜、送葬外，在头七忌、二七忌时还会继续地去丧家参拜吊问，如果时间有所不便，即提前或延后一天，甚至用电话致意，都会让人颇受感动，而给人良好深刻的印象。

向死者致意，这是讨好生者最好的方法之一。这种发自内心的虔诚，是最能让别人共感的。

有位朋友，与一位农村出身的同学同分到一个单位工作。这位老兄总是抱怨：自己尽了十二分心，可上司与自己的关系总不如与那位农村同学来得近。后经大伙细细分析，其关键的原因，是因为上司的父亲去世时，那位农村同学把功夫做到了家。同是大学同学，农村来的同学把香奠、送葬的礼仪按照农村的习俗样样不忘。而城市出身的这位老兄，则考虑上司一家在悲痛之中，还是少打扰、少麻烦最好。由此，上司在二人中分出了远近。

嘴甜没害处

如果你了解领导的家庭状况，那就把你知道的牢记在心中。例如：像有关生日的话题就可以好好地应用。

"今天是令千金的生日，您要早些回去吧！不多打扰您了。"这一类的话题很少会让领导感到不高兴的。

"令郎今年要入小学了吧！"这一类的话题对于缓和气氛有很大的作用！

如果双方熟悉到某一种程度，使你有机会看到对方家人的照片，那可千万不要吝惜你的赞美。如果是对方子女的话，"可爱""聪明伶俐""乖巧"这些都是很好的赞美词。如果对方的女儿已是少女的话，"美丽""娇柔"也很适用。

当你见到本人之后，更可以称赞："本人比照片更美"。

尤其是对对方的妻子，称赞她"年轻美丽"或"气质高雅"更是没有人会生气。即使对方在听了你的赞美之后会说："哪里，你过奖了！"但她内心还是会觉得很高兴。

美人向来自负，对溢美之词，已经麻木。但是，不要忘了姿色中等以下的女性，如果有人一眼发觉她的长处，而且又是在众人面前爽口直言，她眉不飞、色不舞，那才怪呢！

说她不把您牢记在心，那是骗人的话！其实，让女人高兴，就是这么简单的一件事儿。做到了这一点，你就等于把她攥在手里了。向上司夫人表露诚真的敬意，绝非奉承，您尽的是人皆应尽的礼节。一般人太忽略了这个简单的道理，以为向上司夫人致敬，是一种旁门左道的手法，尽量免了。放弃大好机会，等于自毁印象，没什么行为比这更愚蠢的了。

第七章
当遇到"难点"人物的时候

做事总要与人打交道，再好的做事方法也不能回避形形色色的人，有好人，有坏人，也有不好不坏的人。我们不能抱怨在工作、生活中总会遇到一些不愿遇到的人，给自己带来麻烦的人，因为这些人不以某一个人的意志为转移而事实地存在。解决问题要想"手"到擒来，我们唯一能做的就是找到对付这各色人等的最佳方法。

如何让"头痛人物"向你低头

现实生活中有些人会令你头痛，可这种头痛人物又无处不在，怎样应对这些人，"处世绝学"教你如何区分对付九种"头痛人物"。

（1）一点即燃的"导火索"

生活中这种人是随处可见的，他们性子急、脾气暴，常常会突然为一件不相干的小事情完全失控，大发雷霆。尽管事后他可能后悔莫及，希望时间能止痛治疗，但是疼痛的裂痕已深，而下一次，他仍然会再失控，以发脾气来赢得注意。

碰到这种状况，尽管你愤愤不平，千万不要以暴制暴，或默默怀恨在心。你要做的是控制局势，提高音量，或叫他的名字引起他的注意；以真诚的关心和倾听，打动他的心，当对方开始试图克制脾气时，你也要降低音量，减缓紧张气氛；找到触发风暴的原因，预防再度爆发，平时多聆听，是治本之道。

（2）"万事通"先生

"万事通"先生通常知识丰富，能力超群，勇于发表自己的看法，希望凡事都能按照他心目中的方式完成，不愿忍受怀疑歧视。

面对"万事通"先生，千万要按捺下你的不满和想辩论的冲动。沟通的目标应该是想办法让"万事通"先生能放弃自己的想法，接受新的观点。"处世绝学"告诉大家：准备充分，让他无法挑出你的毛病；怀着敬意重述他说的话，让他觉得你充分了解他的"英明"，这样他也能接受你的想法；了解他的顾虑或期望，并且据以提出你的想法，解除他的"武装"之后，再委婉地提出意见和看法；多用"或许"之类的字眼，以"我们"代替"我"的字眼，多用问句。

不要与"万事通"为敌，而要与他们搞好关系，你会发现，他们的知识和经验可能对自己很有帮助。

（3）优柔寡断的"或许先生"

在面临做决定的关键时刻，这种人总是迟疑不决，嘴巴老是嚷嚷"或许"、"很难说"。有决断力的人知道每个决定都有利有弊，"或许"

先生却只看到每个方案的缺点和风险。所以一直拖延，直到错失时机。

对于这种优柔寡断的人，如果是你的上级，最好委婉地建议他早下决定，不要贻误时机；如果是你的同事，最好帮他放松，找到解决途径；如果是你的下属，就要让他明确自己的任务，以免误事。

（4）自以为是的"半瓶醋"

有这样一种人，生怕别人不知道他的本事，讨论事情的时候，他更是不停地发表他自以为是的"高见"。

面对这种人，要有同情心或耐心：首先，肯定他们的用心；假如你觉得他实在是不知所云，可以问几个问题，请他们阐述论点；以你的观点，实事求是地把事实讲清楚；放他们一马，不要让他们出丑栽面子，为他们找个台阶；委婉地说明夸大其词的不良后果，同时也肯定他们做对了的事情。

（5）秀口难开的"闷葫芦"

你碰到过这种闷不作声的人吗？任凭你打破砂锅问到底，他们总是缄默不语。

无论"闷葫芦"怎么三缄其口，你的目标就是说服他开口，做法是：眼睛注视着他，用期待和关注的眼神，问他开放式的问题，千万不要让他轻易就以"是"或"不是"的答案把你打发掉，多问"你在想什么"、"我想听一下你的意见"、"下一步该怎么办"之类的问题；轻松一下，来一点无伤大雅的幽默，笑声常常能打破僵局；如果他到这时候还是坚持沉默，那么就设身处地地想想到底发生了什么事，以及可能的后果，把你的想法说出来，观察对方的反应。

（6）暗箭伤人的"狙击手"

生活中常常有这样一些人，当你在前台发表你的见解或介绍新的点子时，不料，台下倏地放出一支冷箭："我好像在一本书上看过这个点子！"后果可想而知了，大家会用很诧异的眼光看着你，当然，对你说的话也就半信半疑了。

通常我们把这种以突然的评论或尖刻的嘲讽为手段，旨在出你的洋相的人称之为"狙击手"。因此，碰到这种人，我们首要的原则是内心尽量保持平静，先稳住阵脚，不要手忙脚乱，语无伦次，那样恰恰是上了别人的当了。你可以冷静地就此打住，找出"狙击手"，重述他刚刚说的话，直接发问："你是在哪本书上看到这个观点的？也许你有更好的想法？"建议对方："如果你这么想急于表现自己，我想还是走上台来，不必躲在台下畏首畏尾。"

（7）悲观泄气者

这种人成事不足，败事有余。往往会影响士气，拖大家的后腿。

面对悲观泄气的人时，你的目标是把焦点从挑毛病转为解决问题，从拒绝现状转为改善现状，把他们当资源，譬如他们的危机意识可以发挥绝佳的作用。将他们的观点变害为利也是一门艺术。

你也可以在还没来得及批评之前，就提出悲观意见，或许比他说得还灰暗。例如："你说得没错，简直毫无希望，即使是你，大概都解决不了这个问题，当务之急是如何解决，这需要大家共同的努力。"

（8）满口应承的"好好先生"

这种人往往口至而实不至，口头答应得很好，就是光说不练，是个嘴把式。

像这种"好好先生"不喜欢冲突，他们希望与每个人都能和睦相处，但又缺乏某些方面的能力，最终弄得两头不讨好。这种人也有优点，那就是遇到危机的时候，他们的好话可能会打个圆场。面对这种人，你必须以耐心和爱心协助他只承诺能做到的事情，说不定他因此成为你的最佳搭档。

和他坦诚地讨论哪些是可以做得到的承诺，鼓励他老实说出自己的感觉；帮助他学会如何规划，认清完成一件工作必经的步骤和程序；让他清楚食言的后果等，事后给他适当的反馈，强化彼此的关系。

（9）牢骚大王

和牢骚满腹的人在一起，很让人厌烦，他们只知道埋怨出的问题，却不知如何改善，总是这也不好，那也不好，没有一句好话。

因此，和牢骚大王相处要注意：对于这种人，要多听少说，即使表态，也要含糊其词，免得煽风点火或打击他们的面子。吸取他们的牢骚中有用的成分，主导谈话，要让他们把问题说清楚，不要浪费大家的时间，把谈话焦点导向解决问题的方向，问他们："你到底能不能做得更好一些？"多考虑一下现实需要，如果他们还是不停地发牢骚，那么就直截了当地停止谈话，这种废话，不听也罢。

教你百战百胜的十大"秘技"

（1）不战而屈人之兵

不战而胜是最完美的竞争方略，因此，历来为竞争者所追求，为竞争谋略家所推崇,《孙子兵法》云:"……不战而屈人之兵,善之善者也。"《六韬》上说:"全胜不斗,大兵无创。"尉缭子也认为:"不暴甲而胜者,必胜也。阵而胜者,将胜也。"

在应战中要想不战而屈人之兵,可采取下列办法:

以德感人:即通过自己的人格和道德魅力,使其他竞争者心悦诚服。像周公吐哺天下归心;诸葛亮七擒孟获,终于使西南少数民族归顺蜀国,都是用以德感人的手法,达到不战而胜的目的。儒家所倡导的以德争胜,其精髓就是用仁义礼等德行来感化其他竞争者,从而达到不战而胜。

以威服人:即用威势使其他竞争者认输。在竞争力量对比差距过大,对方感到毫无取胜可能的情况下,就会自动放弃竞争,屈服于你。像1949年的北平和平解放,1994年的美国迫使海地军人政府倒台等都是以威服人的经典战例。

坐收渔翁之利:有句成语叫"鹬蚌相争,渔翁得利。"据《战国策》记载,魏文侯想攻打中山国,请求赵国让魏军通过赵国领土,以便顺利前进。赵肃侯思考后,不打算答应魏国的要求。这时,赵刻进谏说:"这就不对了,如果魏无法攻下中山,魏军必定是疲惫不堪,魏国也必然衰落,国家衰落就会被他国轻视,魏被轻视则赵会更多地受到重视,假定魏能攻下中山,也无法越过赵国将中山带回,所以表面上魏国战胜了,但真正收到利益的是我国。所以,应该允许魏军通过才是,但如果满脸喜色地答应魏的要求,必定使魏怀疑。以为王将获利;那么,魏军将会停止行动,为避免发生这种情形,大王应该表现出不太情愿,而又不能不答应的态度,这才最理想。"结果果然不出他所料。

使对方内部瓦解:如果在竞争的过程中,对方内部出现尖锐的矛盾和冲突，或者对方骄奢淫逸，腐败停滞等，都会使对方失利或失去竞争力，从而不战自垮。

因此，设法使对方内部瓦解，就成了不战而胜的关键手段之一。

二战后，以美国为首的北约组织和以苏联为首的华约组织展开了激烈的竞争。美国及其盟国充分利用苏联和华约组织各成员国的内部危机，运用各种手段，如开展舆论攻势，经济制裁，扶植华约组织各成员内部的反对派等。使华约组织分化瓦解，各成员国纷纷倒向西方，最后连苏联本身也分崩离析，四分五裂。

商场上也是一样。其实凡事都以用智为上，那些只凭蛮力斗狠之人，在商场上只能是个失败者，以致败都不知败在何处，这当是最可悲的。

这是商场中用智的一个侧面。以下的故事，可见此中的内幕。

某电视台的主播章进跟经理的对立，是愈来愈尖锐了。他甚至连徐副台长也不放在眼里。

徐副台长儿子毕业典礼，记者去做了采访，新闻送到章进的"主播台"上，硬是被章进扔了出来：

"这是他家的新闻，如果每个学校的毕业典礼都播一段，我们干脆把新闻改成'毕业集锦'好了！"

相反地，经理要"淡化"处理的新闻，章进都可能大作文章，硬是炒成焦点新闻，章进说得好：

"是新闻，就是新闻，遮也遮不住，观众有知情的权利！"

对！观众正是章进的后盾，全市最高收视率王牌主播的头衔，使章进虽然只具有"记者的职能"却敢向老板挑战。

"把他开除！"副台长终于忍不住了，火爆地对新闻部主管说。

"我不敢！只怕前一天他走路，后一天我也得滚。"主管直摇头："他现在太红了，每天单单观众来信，就一大摞。"

"你说他现在太红，倒提醒了我，给他升官，行了吧！？"

公司新成立一个部门，由章进担任经理。

消息传出，每个人都怔住了。

"副台长能不计前嫌，以德报怨，真令人佩服！"

章进真是意气风发，虽然不再报新闻，但是目前职位高、薪水高，而且负责企划一个更大的新闻性节目，谁能说不是海阔天空任翱翔呢？章进确实是在任其翱翔。

电视台甚至推荐，并资助全部旅费，送章进出国做三个月的考察。

章进回国了，带着成箱的资料和满腔的抱负，开始大展宏图。

只是新闻性节目，总得向新闻部借调影片，一到新闻部，东西就卡住了。

"哈哈！章进经理，你是一个部门，我也是一个部门，你又不属我管，你有你的预算，还是自己解决吧！"新闻部主管笑道。

章进告到了主管节目的副台长那儿。

"他说得也对，你现在有自己的预算、自己的人手，应该自己解决问题！"徐副台长拍拍章进："你们两个不和，我把你调开、升官，不要再斗下去了！"

问题是，新闻不能再"演"一次，过去的资料片找不到，别家电视台更不愿借，章进怎么做呢？加上怕侵犯著作权，章进连从书上拍一张图片，都得付不少钱。章进虽英雄，也徒唤奈何？

部门成立一年，节目筹划八个月，居然还拿不出来，而钱已经不知花下多少。

年终会上，台长沉着脸色道："好的记者，不一定能做好的主管！只见花钱、出国，不见成绩！搞什么名堂？"

徐副台长终于不得不把章进叫去：

"你还是回新闻部吧！"

"我希望回去报新闻！"章进说，"那是我的专长。"

"恐怕暂时不行，新的主播表现不错，观众的反应不比你当年差，你还是先做内勤，慢慢来，看编导给不给你机会。"

章进辞职了，他知道新闻部经理不会给他机会。做过了经理，他也拉不下面子，回去做个职员。

章进离开，报上也登了消息，只是不过寥寥几行，毕竟有负上司器重，做事不能成功而离职，不是什么光彩的事。

不战而屈人之兵，是最高明的战法。徐副台长下的这盘棋，就是不战而对付了章进。甚至可以说，他逆向操作，每一步棋都是退让，都是仁厚，连离开，章进都无法骂徐副台长，甚至还得感谢徐副台长给他那样好的机会。

当章进平步青云，自然会被同僚嫉妒，造成他潜在的孤立因素。

当章进出国考察，使他的脉更为别人切断。

当章进独当一面，也代表着他必须为成败负全责。

当章进离开"主播台"，使他失去了群众的资源、离开自己长项的地方。

当章进黯然离去，很难获得别人同情，因为他不是被挤下去，是自己干不下去。他显示的是"江郎才尽"或"黔驴技穷"。

一支军队的统帅，可以派他最不满意的将领，去打一场九死一生的仗。打死了，正好除去眼中钉。打赢了，则是统帅用人成功。

一个公司的老板，可以派他的眼中钉，出去经营分公司，或连锁单位。表面看，那是升官，不去，就是不知好歹和抗命。去，则是远离权力中心和拼命，拼死拼活都是老板赢。

此外，与章进被"降温"同样的道理，当一个刑事案件，被新闻炒热，成为民众的注意焦点时，法官往往不得不顺应舆论而"重判"或"轻刑"。

不过别急！等拖上一段时间，新闻热度过去，二审、三审还有翻案的机会。到时候，人们已经淡忘，反应自然不会太激烈。

在人生的战场上，永远要记得：

鱼不能离开水，如果你靠群众起家，就不能离开群众。如果你靠某样专业起家，最好不要被"调离"你的专业。即使被调开，也要保持联系，不能落伍。

当然，你也可能是了不得的人才，能从九死一生的战役中凯旋。那时候打倒奸小，而获"黄袍加身"的，自然是你。

职场滚爬的人，不得不引以为戒。

（2）善出奇兵

《孙子兵法》曰："凡战者，以正合，以奇胜。"运用出奇的战术，这在中外战争史上有许多辉煌的例子。

在战国，孙膑巧用三军胜魏兵，田单的火牛阵，韩信的"明修栈道，暗度陈仓"，诸葛亮的"草船借箭"、"空城计"等都是很有名的。古希腊传说中有木马计，第二次世界大战中有盟军在西西里岛登陆和诺曼底登陆等。

出奇制胜也是整个社会竞争中的重要谋略。在社会竞争中要想超出众人，出人头地，战胜其对手，就必须有一点"绝招""见人所未见，做人所未做，出奇制胜。"

日本的西铁城钟表商为打开澳大利亚市场，就用直升机把手表从高空扔向地面，落到指定的地方。谁捡到就送给谁，这一奇招，果然引起轰动。

成千上万名观众拥到广场，看到一只只手表从天而降，着地后，竟然完好无损。立即引起人们的轰动，西铁城的名声也随之传开了，迅速占领了澳大利亚市场。

出奇制胜的精髓是"奇"。要想人所未想，行人所未行，才能算奇。当然，"奇"未必都是全新的发明创造。它有时只是若干个司空见惯的简单要求的组合，但由于奇妙组合同样可以达到出奇制胜的目的。计时的表与写字的笔，两者各有其用，没什么直接联系。可有人将电子表与圆珠笔结合在一起，就是一项新的发明，获得了专利。收音机与录音机，各司其职，功能各异，如果把他们组装在一起，就成了收录机，成了一种新的家用电器。

可见，只要善于发挥创造性的思维，就可以在简单要求的基础上，创造出无穷无尽的新奇产品，就可以收到出奇制胜的效果。

（3）见机行事

在竞争中要善于把握有利时机，伺机而动。

刘邦就是一个善于见机而动的成功的竞争战胜者。公元前 209 年，刘邦正在秦朝的一个小镇当亭长。那么，由于秦始皇的暴政，社会动荡不安，人民起义不断，河南博浪沙曾发生过大铁锥暗害秦始皇的事件。

三年前，京都咸阳一批儒生因议论朝政而被杀，秦始皇死后一年，在东邵又出现了一块有人刻着"秦始皇死"四个大字的石头，据说是天降异物。

种种迹象表明，秦朝的暴政正在失去人心。各地起义不断，刘邦意识到，在灭秦大业中，大展身手的时机到了。

经过不少艰难险阻，最后灭了秦朝，在与项羽的楚汉相争中又取得胜利，终成大事，建立了长达 400 多年的汉王朝。

在竞争中要做到伺机而动，更应当随机应变。公元前 627 年，郑国有个牛贩子叫弦高，赶了 300 多头牛到洛阳去卖。

路上，他从一个秦国朋友那里得知秦国攻郑的消息。

为了替国家解除危难，他急中生智，一面派人日夜兼程赶回郑国，向国君报信，一面假扮成郑国的使臣，挑选了 20 头肥牛，自乘一车，迎着秦兵而去。

见到秦兵，弦高按使臣的礼节见到秦军主帅孟明，说："我们国君听说将军率兵而来，特意准备了一点薄礼，派我送来慰劳你们。我国处于几个强国之间，不断遭受外来侵略，所以，厉兵秣马，常备不懈，你碰见了这些情况，不要介意。"

孟明听罢，大吃一惊，他原想偷袭郑国，既然郑国有了准备，只好作罢。正是由于弦高这种随机应变的谋略，才使郑国免遭灭顶之灾。

要做到伺机而动，需要善于把握时机。良机不可能明显地放在竞争双方的面前，它常常被复杂多变的迷雾所覆盖。

因此，竞争者要想及时抓住良机，就必须养成审时度势的习惯，随时把握客观形势及其多种力量对此的变化，抓住本质。

只有这样，才能及时抓住时机。机会难逢，不会永远不动地在那里等着你。有些机会存在的时间很短，犹如白驹过隙，稍纵即逝。

（4）抓大放小

现实生活中要经常面对取舍问题，毕竟，那种即得芝麻，又得西瓜的好事是不多见的。古云："舍鱼而取熊掌"，可见，舍小取大，抓大放小的道理是很悠久的。

舍小取大有两种情况：一种情况比较被动，面对多种选择必须作出决定。在这种情况下，你的原则应当是两害相权取其轻，两利相权取其重。

另一种情况是主动地取舍。即通过用小的廉价的东西，来换取更有价值的东西，去获取更大的收获。

日本东京有一家名叫西武的百货商店，店面很大。

为了吸引顾客，该店经常举办展览。在 1982 年 7 月间，就同时举办中国故宫文物和中国的书画展览。仅故宫文物租借一项，就付出 2 亿日元，加上保险费，包装运输费，广告费等都花费巨大。

然而，就是这两个展览会，先后吸引了 30 万观众前去参观，这么多人除了观看文物和书画，还有其他的吃喝、休息的需要。于是在这客店里顺便消费一下，使其营业额大增。

平时该店营业额一天为 7 ~ 8 亿日元，展览期间，营业额增至 50 亿日元，该店的老板是多么精通抓大放小的学问啊！

运用抓大放小的战术，其关键是要分哪个大，哪个小，这就要求竞争者对事物之间复杂关系进行全面的综合分析，分清主次，掂量轻重，权衡利弊，判断明暗，鉴别正负，明察优劣，比较远近。

唯有如此，才能准确识别孰大孰小，并且在此基础上准确运用抓大放小的战术。

（5）以己之长，攻彼之短

每个人都有自己的长处和短处。在竞争中要想取得胜利，就必须扬长避短，以己之长，攻敌之短，才会获得胜利。

像打乒乓球，擅长近台快攻的选手，就要尽量占据自己的阵地，发挥这一特长，如果这一特长发挥不出来，就会十分被动。

市场竞争中，有些产品质量一般，可是凭着其低成本和周到的服务这些优势，也可以取得销售佳绩。

反之，如果长处发挥不出来。甚至弃己所长，扬己之短，就必然会导致失败。在赤壁之战中，曹操的军队大部分是北方人，虽有陆战之长，但水战是其短，而曹操却与东吴水战，结果遭到惨败。

要做到扬长避短，应注意下面几点：

必须知道自己"长"在哪里，"短"在何处，因为只有清楚自己的"长"和"短"，才有可能去扬长避短。只有"知彼知己"才能百战百胜。

要善于发挥自己的长处，由于先天因素和后天的教育等情况，每个人的能力、气质和水平是不一样的，都会有这样或那样的长处和短处。

因此，每个人应根据自身的主客观条件，充分发挥自己的长处；选择最容易取胜的事业。高敏跳水成为世界跳水皇后，而聂卫平下围棋当了棋圣，他们如果对调一下，则不一定那么成功了。

这就说明：每个人只有按照扬长避短的原则，充分发挥自己的长处，才更容易取得成功。正如清代诗人顾嗣协在一首《杂兴》诗中所说："骏马能历险，力量不如牛，坚车能载重，渡河不如舟。舍长以就短，智者难为谋。生长贵适用，慎勿多苛求。"

"长"与"短"是相对的，这种相对性表现在两个方面："长"与"短"也可以相互转化。"长"与"短"并非固定不变，而是始终处于动态的变化之中。"短"通过奋斗可变成"长"，"长"如果不奋斗，可能变成"短"；另一方面，"长"与"短"还相对于竞争对手。某一方面就自己来说可能是"长"，但与对手相比，就不一定是其"长"，而某一方面你可能不是所长，但与对手比起来，就有可能成为你的优势。

扬长避短，不仅要发挥自身的所长，避己所短，还要在与竞争对手的比较中，遏制其长，利用其短。

（6）信息灵通

信息指的是事物表现的一种普遍形式，是事物发出来的消息、情报、指令、数据，信号等所包含的可以表现事物的东西，信息对于人们认识事物具有非常重要的作用。

从某种意义上说，信息是帮助人们减少或清除对事物、环境的某种疑虑，猜测以及概念上的模糊，认识上的欠缺或判断上的不确定性的消息。竞争者要使自己的判断准确，决策正确，计划得当就必须尽可能多地搜集信息，捕捉对自己有用的信息。

1973年，扎伊尔发生了叛乱，这件事对于远在日本的东京三菱公司来说，似乎没有多大影响，但该公司的决策人认为，与扎伊尔相邻的赞比亚是世界重要的铜矿生产基地，对此不能掉以轻心。于是便命令驻卢萨卡的情报人员密切关注叛军的动向。

不久，叛军向赞比亚铜矿移动，公司总部得知这一消息后进行分析，预计叛军将切断交通，而此举势必影响到世界市场上铜的产量和价格。

当时，新闻界对此反响不大，市场上的铜价也没有什么波动，但三菱公司却趁机买进了一大批铜，待价而沽。

后来，果然每吨铜价瀑涨了 60 多英镑，三菱公司因而赚了一大笔钱。

相反，如果获得信息不及时，不准确，就会导致竞争的失误，甚至失败。赤壁之战，曹操之所以大败，一个重要原因，是因为被孙、刘联军所制造的假信息、假情报所误导。蒋干中计，使他失去了两员干将，黄盖诈降，使火烧赤壁得以顺利实现，这些都是曹操失败的要害之处。

在市场竞争中，如果信息不灵，也可能招致失败。上海有一家保温瓶厂，花费了大量的人力、物力、财力，成功开发一项以镁代银的新技术，并宣布是一项重大的技术突破。

可是经过调查发现，早在 1929 年，英国就有一家公司研制出来这种技术并已取得了专利。

可见，企业开发新产品如果信息不灵，闭门造车，那么，不但会浪费人力、物力、财力、重复他人的工作，还可能产生更严重的后果。

以上事例告诉我们：及时准确地获取信息，对竞争的胜利非常重要。信息就是资本，信息就是竞争力。在竞争中，谁及时掌握了准确全面的信息，谁就掌握了竞争的主动权。

（7）切中要害

所谓抓住要害，就是抓住主要矛盾，无论多么复杂的竞争环境，其中必有一个决定全局，关系重大的主要矛盾，其他矛盾受这一主要矛盾的制约。抓住了这一主要矛盾，其他矛盾就可以迎刃而解了。

在竞争中，要抓住要害，必须注意以下几点：

抓住矛盾和矛盾的主要方面，这样，才能分清利害，重点出击。

我国产品在国际上之所以竞争力不高，不少是由于包装质量差所致。抓住这一要害对症下药，就可以提高国际竞争力。

过去，我国人参出口像萝卜似的捆捆扎扎。现在采用小包装，内有木盒，外套玻璃，装饰雅致大方，给人以尊贵之感，每吨比过去多收入2万多元。

我国传统的宜兴陶瓷，过去包装简单，在国际市场上连25元也卖不出去，后来委托上海市包装装潢公司加以改进，配上绸缎装潢盒显然增色不少，身价倍增，每盒300多元，供不应求。

矛盾的主次方面也是可以相互转化的，在特定的条件下，没有一成不变的矛盾，这是一条哲学原理。也有着极强的现实意义。

因此，当主要矛盾解决以后，就应该找出新的主要矛盾并设法加以解决，这样不断切中要害，就会不断提高自己的竞争力。

抓住要害，对竞争者自己来说，是要找出影响自己竞争力的关键症结，并要努力克服它，从而提高自己的竞争能力。对竞争对手来说，只要抓住对方的要害，并大加攻击，使其失去竞争力。

（8）占尽先机

所谓占尽先机是指比其他竞争者抢先一步占有竞争目标或占领有利的竞争位置。

占尽先机，特别是在竞争双方势均力敌，或自己力量相对较弱的情况下，往往成为取胜的关键因素，如在战争中比对方抢先一步占有某个重要的战略要地，就能因此而掌握战争的主动权，在市场竞争中比对手抢先占有主要阵地，或抢先设计生产出新产品，就能立于不败之地。

占尽先机，关键是一个"先"字，一定要在别人之先，比别人先行一步，才能占到先机。就正如大家都站着看戏，当其中一个人踮到脚尖时，那么他就具有高度上的优势，占到了便宜，可以比别人看得更清楚些，但是，当所有人都踮起脚尖时，那么他所得到的，就只有疲劳了。可见，尾随在别人之后，随大流，就难以取得竞争优势了。

下面几点可以助你抢占先机：

要有洞察力和预见性：占尽先机，要求首先对形势有一个准确的判断，因此洞察力非常重要。预见利害，快人一步，是其要快。

要有果断的决策：如果已想到、预见到采取某个行动将会对竞争大大有利，但若不当机立断，就可能错失良机，从而使前功尽弃。所以果断的决策，也是很重要的。

要有快速的行动：占尽先机最终也要付诸实践，否则只是空想一场。在行动中，一定要迅速，兵法云：兵贵神速，正是这个道理。

（9）征服人心

竞争可以说是人心之争，成功的竞争首先就表现在心理竞争中的胜利，攻心战术的精髓是征服人心，攻破对方的心理防线。

在竞争中，对方的心理防线一旦攻破，就会迅速应变，正因为如此，在战争中心理战就常常是一种重要的战术。

在海湾战争前夕，以美国为首的多国部队，就开展了强大的心理攻势，对伊拉克士兵进行广播、电视宣传，散发大量的传单。

这些心理战获得奇效，伊拉克士兵开小差、逃跑的很多，而且在战场上不战自溃，纷纷投降。有一次，一辆美国坦克陷在沙漠里动弹不得时来了几辆伊拉克坦克，把这辆美国坦克拖了出来。坦克里的美国士兵吓得魂不附体，正要投降，这时伊拉克士兵先举起了手，宣布投降。

可见，攻心战术是多么神奇！

要征服人心，有两大要诀：一是强大，一是宽大。强大的实力会使敌人闻风丧胆，而宽大的策略会使敌人口服心服，定会归降。

（10）走为上策

《孙子兵法》云："三十六计，走为上策"在对自己不利的情况下，一走了之，不失为一种妙计。

在政治、军事竞争中，所谓走为上策，是指在挽救不了败局时，主动退却，逃离险境，以便保存实力，东山再起。

春秋时期的晋文公重耳是晋献帝的儿子，当他为公子时，他父亲的爱妃骊姬逼死太子申生，立自己的儿子奚奇为太子，又怕公子们反对，就派人追杀其他公子。

这时，重耳无奈只好使用走为上计的战术，逃出晋国。经过 19 年的逃亡生活，终于等到了机会，重返晋国，杀晋怀公而自立，成为春秋五霸之一。

在市场竞争中，所谓走为上策，是指经营一旦失败，很难在某一市场立足之时，及时转产其他产品，撤出原有市场，去开拓新的市场。这样不仅避免了彻底破产的悲剧，而且还能转危为安，柳暗花明，使企业走上一条光明的路。

就人生竞争来说，走为上策，是指当事业和生活遇到无可挽回的困境时，当一个更有发展前途的目标在向自己招手时，失败者要有当机立断、弃暗投明的勇气和决心，一走了之。古语云："良鸟择木而栖，良臣择主而事。"俗话说："人挪活，树挪死"，讲的都是同一个道理：何必一棵树上吊死呢？走为上策。

在现代社会，个人成才的机会很多，但同时风险也很大，这时需要放宽眼界，须知"条条道路通罗马"，当一条路走不通时，就要及时走另一条路。

三悟

摆正心态，
你的心气儿才能顺下来

如果一个人只悟出如何功成名就的道理，那绝对算不上达到成功的目的，因为那也不过为了追求一种自我满足的心态。如果你的心态摆正了，心气儿就容易顺了。但看似简单的事情正是大多数人无法悟到并做得好的，因为这其中包含的道理往往更复杂、更深奥。要知道，只有洞明世事，有一个平和、乐观心态的人才能在遭遇挫折、失败、不如意时不轻易生气，而只有做到了不生气，一个人才会不戚戚于一时一事，才能以通顺的心气儿享受生活。顿悟到这一点，你才可以立地成"佛"。

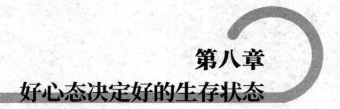

第八章
好心态决定好的生存状态

人的生存状态不是贫富与贵贱决定的。有一个健康的心态，则无论你是在春风得意之时，还是在艰难困苦之中，抑或屡遭打击的危难之际都会坦然面对，已经创造的财富你会惬意地享受，创造财富的艰苦过程你会当作一笔更加宝贵的财富予以珍藏，这样，你就真的达到"不生气"的人生境界。

乐观与积极，让你的人生充满快乐

人生的至高境界就是快乐，乐在其中

不生气是一种人生境界，要达到这种境界，就要用乐观的心态经营人生、享受人生，要有一种追求名利而又不汲汲于名利，努力做事而又不戚戚于小事的大气度。

快乐是一种积极的处世态度，是以宽容、接纳、豁达、愉悦的心态

去看待周围的世界。乐观的人往往将人生的感悟与人的生存状态区分开来，认为人生是一种体验，是一种心理感悟，即使人的境遇由于外界的因素而有所改变，人们无法通过自身的努力去改变自己的生存状态，人也可以通过自己的精神力量去调节自己的心理感受，尽量地将其调节到最佳状态。

追求人生的愉悦，渴望人生的快乐，是人的天性，每个人都希望自己的人生是快乐的，充满欢声笑语。可是在现实生活中并不如真空状态那样单纯，不如意的事情是难免的。英国哲学家罗素认为，人类各种各样的不快乐，一部分是根源于外在社会环境，一部分根源于内在个人心理。面对现实的经济状况，以及面临生存的竞争，怎样才能使自己的心理调节到快乐状态，使乐观成为不可或缺的营养，来滋养自己的生命？

首先要有宽广的胸怀，孔子曰："仁者爱人。"只有博爱的人才会懂得善待自己，善待他人。确实生命就像回声一样，你播种了什么就收获了什么，你施与了什么就会收获什么。有一次，苏格拉底跟妻子吵架后，刚走出屋子，他的妻子就把一桶水泼在他头上，弄得他全身尽湿，苏格拉底便自我解嘲地说："雷声过后雨便来了！"一个乐观的人当他面临苦难和不幸时绝不自怨自艾，而是以一种乐观的心态，豁达、宽恕的胸怀来承纳。乐观的心态是痛苦的解脱，是奋斗时的微笑，笑是一种心情，时时有好心情的一种境界。古希腊的哲人说："一个人若能将个人的生命与人类的生存激流深刻地交融在一起，便能欢畅地享受人生至高无上的快乐。"

要拥有乐观的心态，就要看到事物积极的一面。一个装了半杯酒的酒杯，你是盯着那香醇的下半杯，还是盯着那空空的上半杯？从窗外望出去，你是看到了黄色的泥土还是满天的星星？以不同的心态去看待身边的事物，就会有不同的感悟。有这样一则小故事，说的是有家做鞋子的公司，派了两位推销员到非洲去作市场调查，看看当地的居民有没有这方面的需求。不久，这两个推销员都将报告呈给总公司。其中一个说："不行啊，这里根本就没有市场，因为这里的人根本不穿鞋子。"而另一位则说："太棒啦，这里的市场大得很，因为居民多半还没有鞋子穿，只要我们能够刺激他们想要的需求，那么发展潜力真是无可限量啊！"同样一个事实，但有完全不同的见解。心理学上有一种"漏掉的瓦片效应"，一栋房子顶上铺满了密密麻麻的瓦片，有的人看到的是整齐的瓦片，有的人则只看到几块铺的不好的瓦片。自然这种凡事专挑自己的缺点，总是爱自己为难自己的人是不会快乐的。宾夕法尼亚大学的心理学家马丁·E·P塞利格曼与同事彼德·舒尔曼调查了大都市人寿保险公司的推销员，发现乐观主义的推销员能多销20%。公司受到了启发，便雇用了100名虽未通过标准化企业测试但态度乐观一项得分很高的人。这些本来可能根本不会被雇用的人售出的保险额高出推销员的平均额10%。

特殊的解释方式能够带走我们的烦恼。美国有一位心理学家指出：烦恼不是一阵情绪的痉挛，精神一旦牢牢地缠住了某种东西就不会轻易放弃它。不良的心境有一种顽固的力量，往往不易摆脱，当一个人情绪不佳时不要过分独自地冥思苦想，最好将自己的心事倾诉出来，或是转移到其他的事情上去，心理学上称之为"心境转移"。乐观主义者成功的秘诀就在于其特殊的理解。当推销失败之后悲观主义者往往会自责一番，他说："我不善于做这种事，我总是失败。"乐观主义者则寻找客观原因，他责怪天气、抱怨电话线路，或者甚至怪罪对方。他认为，是那个客户当时情绪不好。当一切顺利时，乐观主义者把一切功劳都归于自己，而悲观主义者只把成功看作侥幸。克雷格·安德森让一组学生给陌生人打电话，请他们为红十字会献血。当他们的第一、二个电话未能得到对方的同意时，悲观者说："算了，我不适合干这种工作。"乐观主义者则对自己说："我需要试试其他的办法。"

每个人身上都含有乐观和悲观的因素，通常倾向于其中之一。这是一种所谓"早在母亲膝下"就开始形成的思维模式，美国一位学者卡罗尔·德韦克博士对小学低年级学生做了一些工作。她帮助那些屡屡出错的困难学生改变他们对失败原因的解释，从"我很笨"变成"我学习不够努力"，他们的学习成绩果然提高了。

乐观的人总是能从平凡的事物中发现美，威廉·华兹华斯曾有一首诗道出了这种心境："我曾孤独地徘徊／像一缕云／独自飘荡在峡谷小山之间／忽然一片花丛映入眼帘／一大片金黄色的水仙／我凝视着——凝视着——但从未去想／这景象给我带来了什么财富／我的心从此充满了喜悦／随那黄水仙起舞翩跹。"生活中不乏欢乐，欢乐还要你去用心地体会。英国科学家罗素认为："一个人感兴趣的事情越多，快乐的机会也越多。而受命运摆布的可能性便越少。"为了充实生活、协调身心，即使做些极为平常的小事，也是一种寄托和满足。

杜甫是一个乐观的人，有"细推物理须行乐，何为浮名绊此身"两句诗为证。仔细推敲世界上万物的道理，做一些快乐的事情，做一些自己喜欢做的高兴、有益的事，而不是为了一些空名而放弃了自己喜欢做的事。快乐是一种生活态度，真正幸福来自内心，它不能以财富、权力、荣誉和征服来衡量。

成功是由那些抱有积极心态的人取得的

有一个故事虽然简单，却蕴涵着深刻的哲理，故事说的是一个小孩努力地奔跑，因为他想要超越自己的影子。可是，不论他向前跳多远、跑多快，影子总是在他前面。后来有个大人告诉他一个最简单的方法："如果你面对太阳，影子不就跑到你的背后去了吗？"

是啊，只要面对光明，阴影就永远在我们身后。人生在世困难、挫折、不如意、失恋、破产、疾病、死亡等种种困扰，想挡也挡不住，想躲也躲不开，而且，你越是想逃避，它们就好像离你越近，老是缠着你，不让你脱身，不让你加入欢乐的人群中去，不让你享受生命的欢乐。为什么不像小孩那样勇敢地去面对困扰呢？"是非成败转头空"，但历程永恒。总是计算得到多少失去多少，就未免太心胸狭窄了。

从无数成功人士的奋斗历程中我们可以看出：成功是由那些抱有积极心态的人所取得的，并由那些以积极的心态坚持不懈的人所保持。拥有积极的心态，即使遭遇困难，也可以获得帮助，办事顺畅。

生命本身是短暂的，但是为什么有的人过得丰富多彩，充满朝气和进取精神，有的人却生活得枯燥无味，没有一点风光和活力？生活也许是一支笛、一张锣吹之有声，敲之有声，全看你是不是积极去吹去敲，去打造自己生活的节奏和旋律。有人说，我不会吹、不会敲怎么办，积极的人会告诉你，不吹白不吹，不敲白不敲，消极等待只会浪费生命。是的，人生一世何必等待，何必懒惰。等待等于自杀，懒汉也不能延长生命的一分一秒。

让我们来看看拥有积极心态的人们的特征：

拥有积极心态的人身上永远充满着自信，他们会用自己的行动告诉你：要有信心，信心是你无限魅力的源泉，要相信你自己，世界上最重要的人就是你自己，你的成功、健康、幸福、财富要靠你应用你看不见的法宝，那就是积极心态。所罗门王据说是西方古代最明智的统治者。所罗门曾说："他的心怎样思考，他的为人就是怎样。"换句话说，人们相信会有什么结果，就可能有什么结果。人不可能拥有自己并不追求的成功。积极人生的箴言是：自己掌握自己的命运，自己做自己的主人。在人的本性中，有一种倾向：我们把自己想象成什么样子，就可能会成为什么样子。积极的人能够掌握自己的命运。如果事情不顺利，他作出反应，寻找解决途径，制定新的行动计划，并且主动寻求帮助。

世上无难事，只怕有心人，有位哲人曾经说过，把你的心放在你所想要的东西上，让你的心远离你所不想要的东西。对于那些有积极心态的人来说，每一种逆境都含有同等的或更大利益的种子。有时，那些似乎是逆境的东西，其实暗含着良机。坚持不懈，直到获得成功。

拥有积极心态的人另一个突出的特点就是他的投入，所有的一切，关键就在于投入，投入才能获得愉快。看一场球就想亲自去打一场，做一顿饭一定做得像模像样，进行一项实验就废寝忘食，写一篇文章会非常得意，一切都是那么吸引人，那么有情趣。为什么一定要身背三座大山上路呢？为什么一定要"风萧萧兮易水寒，壮士一去兮不复还"？何不轻装上阵，开拓进取，更何况，付出总有回报。不懈进取的过程，积极投入人生，会使人们很快发现自己包括自己的长处和短处，事物的正面和负面，从而很快确定自己的生活目标。

积极的人生态度是成功的催化剂，积极能使一个懦夫成为英雄，从优柔寡断变为意志坚强，它使人性变得活泼有力，使人充满进取精神，充满冲劲和抱负。

让生活在坦然中走向精彩

冷静平和的心态是一种很高的人生境界

梁启超曾有这么两句诗："世事沧桑心事定，胸中还岳梦中飞"。世界上虽沧桑难料，我心事定，无论怎么变化，我心里有数。的确如此，古今中外所有的伟人，定有遇事不慌，沉着冷静的特点，也只有这样，他们才能正确地控制局势，取得成就。冷静的心态往往是成功的必要条件。一般来说，人们只要不是处在激怒、疯狂的状况下，都能保持自制并做出正确的决定。健康、正常的心态，不仅平时给生活带来幸福、稳定而且能在难临头时，帮助你逢凶化吉转危为安。

一位有 27 年飞行经验的老驾驶员，在介绍他飞行史中最不平常的经历时说："二战时，我是 F6 型飞机的飞行员。一天我们接到战斗命令，从航空母舰上起飞后，来到东京。我按要求把飞机升到海拔 90 米的高度做俯冲轰炸。90 米在今天也许不算什么，但在当时，这是个很高的高度。

　　"正当我以极快的速度下降并开始做水平飞行时，我的飞机的左翼突然被击中，整架飞机翻了过来。人在飞机中，是很容易失去平衡感的，尤其在天和地都是蓝色的时候。飞机中弹后，我需要马上判断我的位置，以便决定我应该向上还是向下操纵我的飞机。在我的飞机中弹的最初一瞬，在那生死攸关的关键时刻，我什么也没有做，没有去碰驾驶舱里任何控制开关，我只是强迫自己冷静、思考，决不能激动！，于是，我发现蓝色的海面在我头顶上，我知道了自己的确切位置，知道了我的飞机是翻转的。这时，我迅速推动操纵杆，把我的位置调整过来。在那一瞬间，如果我冲动地依靠我的本能，一定会把大海当作蓝天，一头撞进海里，一命呜呼。"

　　这位飞行员最终感慨道："冷静救了我一命。"

　　我们在现实生活中，免不了会遭到不幸和烦恼的突然袭击。有一些人，面对突如其来的灾难，处之泰然，总能使平静和开朗永驻心中；也有的人面临突变而方寸大乱，一蹶不振，为什么受到同样的刺激，不同的人会产生如此大差别呢？原因在于能否学会冷静应变。

　　现代医学认为，在影响人体健康和寿命的因素里，精神和性格起着十分重要的作用，一个人的精神状态和性格特征，同先天遗传因素有一定关系，但是更主要的是受后天的社会环境的影响。面临灾难与烦恼，必须居高临下，反复思考，找出原因，这样能使你迅速稳定惊慌失措的情绪，然后鼓足勇气，扪心自问，我是不是已经失掉渡过难关的信心了？常去思考诸如此类的问题是冷静应变的关键。另外要认识到不幸和烦恼并不是不可避免的，也许是自己太过偏激，无端地把自己与烦恼绑在一起，折磨自己。

科学研究表明，"入静状态"能使那些由于过度紧张、引起的脑细胞机能紊乱恢复正常，你若处于惊慌失措心烦意乱的状态，就不可能用理性思考问题，因为任何恐慌都会使歪曲的事实和虚构的想象以可乘之机，使你无法根据实际情况做出正确的判断。当你平静下来，不幸和烦恼来临时，你也许会觉得它实际上并没有什么了不起。正视自己和现实就会发现，所有的恐怖与烦恼不过是你的感觉和想象，并不一定是事实的全部，实际情形往往比你想象的要好，人之所以会陷入困境往往来源于自身，对自己和现实有一个全面正确的认识，是在突变面前保持情绪稳定的前提之一。当你处于困境时，被暴怒、恐惧、嫉妒、怨恨等失常情绪所包围时，不仅要克服它们，更重要的是千万不可感情用事，任意做出决定，要多想想别人能渡过难关，我为什么不能冷静应变，调动自己的巨大潜能去应对呢？

保持冷静的心态，就是时常让自己保持心情舒畅，找到一个心态平衡的支点，这样冷静就会慢慢地、慢慢地走近你。

除了冷静，平和的心态也是一种很高的人生境界。

有人曾这样问苏格拉底："请告诉我，为什么我从未见过您皱眉？您的心情怎么总是这样好呢？"苏格拉底回答道："我没有那种失却了它就使我感到遗憾的东西。"不以物喜，不以己悲，这是人的一种境界。"跌倒了并不可怕，重要的是懂得站起来时手里能够抓到一把沙子"。

任何一次成功都不过是人生旅途中的一个驿站，它来源于平实，归终于平实。

平和的心态对健康的积极作用，是任何药物所无法替代的，在竞争日益激烈的今天，学会平和自己的心态对身心健康乃至事业的成败都是至关重要的。俗话说："心静自然凉"，如果人的心态、心境能够坦然、恬静、积极健康、顺其自然，那么即使是在炎热的夏天，也会有清凉的感觉。也许有人会说古人生活在田园之间，"采菊东篱下，悠然见南山"这种典型的农业社会下，人没有面对那么多的诱惑，自然能够做到心态平和，这句话或许有一定的道理，在物欲横流、诱惑重重的今天能够做到平和绝非易事。

在信息时代，我们不断地接受各种各样的刺激，不断地吸收各种各样的信息，不断地追求和积累所谓的人生价值。面对纷繁复杂的花花世界，久而久之，连我们自己都会被搞得晕头转向，不知道这些到底是什么，自己追求的又是什么。我们积累的太多关于名誉、地位、财富、学历的欲望，同时也积累了很多兴奋、自豪、快乐、幸福以及烦恼郁闷、懊悔自卑、挫折、沮丧、愤怒、仇恨、压力等情绪。我们会时常为之所动，甚至神魂颠倒；被外界的刺激搅得心绪难平甚至坐卧不安。要重新稳固我们生活的定力，回归平和的心态，就常常得给自己的心理沐浴，经常将这些积累的东西进行分类：早该抛弃的是否依旧还是在占据你的心灵空间？早该重视的是否还在被你漠视？吐故纳新之后，就如同你在擦拭掉门窗上的尘埃与地面上的污垢，把一切整理就绪之后，整个人好像心理阴影得到荡涤一样，获得一种快乐无比的心理释放。

心理学家也告诉我们，对自己不要太苛刻，若把目标和要求定在自己力所能及的范围内，不仅易于实现而且心情也更加舒畅；对他人的期望不要太高。很多人把自己的希望寄托在他人身上，若对方达不到自己的要求，就大失所望。

　　但是平和并不是遮掩自身某种退缩、自欺欺人的外衣，这些年来，"平常心"似乎成了一个时髦的词，在众多媒体中使用率非常高，但是平和是一种经过挫折失败，不断奋斗努力才能历练出的人生境界，它并不是几个"平常心"、"与世无争"、"顺其自然"等等好像禅味十足的言辞所能代替的。事实上就像小孩子不跌倒就不会走路一样，不经过一番血与火的生命洗礼，哪能这么轻易地练就一颗平和的心呢？

　　比如一把弦乐器，弦松了，就会变调。只有不时地加以调整，弦音才会纯正。如马寅初所写，"宠辱不惊闲看庭前花开花落，去留无意漫观天外云展云舒。"只有当心态具有平和而又不失进取的弦音，我们生存在这个世界才能左右逢源，许多棘手的问题也会迎刃而解，许多人间的美景才能尽收眼底。平和的心态是一种很高的人生境界，一种面对荣誉、金钱、利益的达观与豁达。

知足的人总是微笑着面对生活

　　俗话说："知足者常乐"。这句话来源于老子的"知足不辱，知止不移，可以长久"。意思是说，一个人如果知道满足就会感到永远快乐。

　　清代李渔先生在他的《闲情偶寄》中写道："善行乐者必先知足"，他说的"知足"叫"退一步法"："穷人行乐之方，无他秘籍，亦只有退一步法。我以为贫，更有贫于我者；我以为贱，更有贱于我者；我以妻子为累，尚有鳏寡欲得妻子者"。我们如果能够驾驭自己的心态，驾驭好自己的欲望，不贪得、不觊觎，做到寡欲无求，役物而不为物役，生活上自然能做到知足常乐，随遇而安了。

　　人，在不知足中绝对地追求，在自得其乐中相对地满足。知足，使得人在自我释放和自我克制之间，架构了一个生命安顿的心理平台。在"见好就收"的意义上，提前避开了未知的风险。知足常乐，在相对满足和绝对追求之间，建立了一种平衡。一方面，知足常乐少了些欲而不得的焦虑、少了些由色而空的虚无。比起"无欲"的禁锢，"知足"多了一层人情味；比起"一无所有"的自得与张狂，"知足常乐"回归了世俗理性。"人心不足蛇吞象"用作欲望无限膨胀的比喻，是"知足常乐"的反向修辞设计。

　　知足是一种人生境界，知足的人总是微笑着面对生活，在知足的人眼里，没有什么解决不了的问题，没有过不去的火焰山，他们会为自己寻找适当的台阶，而绝不会庸人自扰；知足是一种大度，大"肚"能容天下事，在知足的人眼里，所有过分的纷争和索取都显得多余，在他们的心中，没有比知足更容易求得心理平衡了，知足是一种宽容，对他人宽容，对社会宽容，对自己宽容，这样才会得到一个比较宽松的生存环境，实在是一种好事，知足常乐就是这个意思。

　　但从另外一个角度来讲，有时我们要"不知足"才能常乐。说到对物质生活的态度，还是知足为好；但是，对于学习、工作和我们为之奋斗的事业，我们自然应该永不知足。

宽容与自信，永远不会过时的完美品格

不能原谅别人，实际上是在不原谅自己

四川青城山有这样一副对联："事在人为，休言万般皆是命；境由心造，退后一步自然宽。"自古以来，宽厚的品德、宽容的心态就为世人所称道，心胸狭窄则被认为是一种病态。唐代狄仁杰很鄙视娄师德，但实际上娄师德并不计较这些，推荐狄仁杰当宰相，还是武则天捅破了这层窗户纸，有一次武则天问狄仁杰说："娄师德贤能吗？"武则天又说："娄师德能够知人善任吗？"狄仁杰回答："我曾经与他共事，没有听到他能够了解人。"武则天说："我任用你就是娄师德推荐的。"狄仁杰于是非常惭愧，尽管自己经常对他不以为然，但是娄师德却仍然能以宽厚、公平的心来对待自己，他感叹道："娄公德行高尚，我已经享受他德行的好处很久了。"

所谓宽容的心态就是宽广的胸怀和包容的心态，去面对人和事。宽容本身包含着谦逊。常言道：满招损，谦受益。一个人如果不能虚心求教，就不能有效地吸纳有益于自身发展的精神食粮，只有具有海纳百川、有容乃大的心态我们才能取长补短充实、拓展、成就自我。宽容不仅是一种与人和谐相处的心态，一种时代崇尚的品德，更是吸收他人长处充实自我价值的良好品质，"宰相肚里能撑船"，既然要做一个能位于一人之下，万人之上的就必须拥有一颗和常人不一样的宽容之心。一个人要想成功，只有时时多为别人着想，将心比心，设身处地，

宽容别人，这样才会得到更多的人理解和支持、理想才会更容易实现。在现代社会中试想一下，在谈判桌上，双方都互不相让，无法宽容对方，都想赢得更多的利益，结果往往会造成僵持、不欢而散的结果。针对一个与你观点不一致，或者你认为是与你唱反调，不配合你的人，哪咱他是一位"作恶多端"的人，只要你对他拥有一颗宽容的心，若能加以正确引导和启发，则往往会与他化敌为友，说不定还会成为你成功道路上的知心朋友和伙伴。因为你要明白：一味敌视别人或不能原谅别人，实际上你是在不原谅自己，在自寻烦恼，伤害了别人，同样也伤害了自己。

宽容的心态无疑也是维系一个家庭和谐生存的重要砝码，法国作家泰斯在谈及家庭生活时说："互相研究了三周，相爱了三个月，争吵了三年，彼此忍让了 30 年，然后轮到孩子们来重复同样的事，这就是婚姻。"如果一个家庭没有宽容、整日争吵是无论如何也难以维持下去的。

家庭如此，社会更是如此。世界上的人和事，各有各的长处，任何事物都可以活用，都可以协调。俗话说：人上一百，形形色色；林子大了什么鸟都有。和谐生活就需要彼此都拥有宽容的心态，坚持自己的个性，也尊重他人的脾气。公共关系专家告诉我们"面对千差万别的现实世界，宽容是我们现代人适应时代社会的必备素质，是我们的必然选择。"

自信是人们从事任何职业最可靠的资本

"依靠自己，相信自己，这是独立个性的一种重要成分。"米歇尔·雷诺兹写道，"是它帮助那些参加奥林匹克运动会的勇士夺得了桂冠。所有的伟大人物，所有那些在世界历史上留下名声的伟人，都因为这个共同的特征而属于一个家庭。"

的确如此，如果有很强的自信，往往能使普通的男男女女，做出惊人的事业来。胆怯和意志不坚定的人即使有出众的才干、良好的天赋、高尚的品格，也终难成就伟大的事业。据说拿破仑亲率军队作战时，战斗力便会增强一倍。因为，军队的战斗力在很大程度上基于士兵对于统帅的敬仰和信心。如果统帅抱着怀疑、犹豫的态度，则会军心不稳。拿破仑的自信和坚强使他统率的每个士兵增加了战斗力。

与金钱、势力、出身、亲友相比，自信是更宝贵的东西，是人们从事任何事业最可靠的资本。自信能排除各种障碍、克服种种困难，能使事业获得更大的成就。自信者往往都承认自己的魅力和相信自己的能力，总是能够大胆、沉着的应对各种棘手的问题，从外表看去，则比较开朗、活泼。

著名发明家爱迪生曾说："自信是成功的第一秘诀。"阿基米德、居里夫人、伽利略、张衡、竺可桢等历史上广为人知的科学家，他们所以能取得成功，就是因为有远大的志向和非凡的自信心。

一个人要想事业有成、做生活的强者，首先要敢想。敢想就是确定自己的目标，就要有所追求。不自信就不敢想，连想都不敢想，当然谈不上什么成功了。著名数学家陈景润，语言表达能力差，教书吃力，不合格。但他发现自己长于科研，于是增加自信心，致力于数学的研究，后来终于成为著名的数学家。

其次是敢做。只是敢想还很不够，目标只停留在口头上，无论如何也是实现不了的。一个自信心很强的人，必定是一个敢做敢当的人。他决不会对生活持等待、观望的消极态度，而错失各种机遇。他会在行动中、实践中展示自己的才干。当然这里说的敢想敢做，都不是盲目的，更不是主观主义的空想、蛮干。德国心理学家林德曼用亲身实验证明了这一点。1900 年 7 月，林德曼独自驾着一条小船驶进了波涛汹涌的大西洋，他在进行一项历史上从未有过的心理学实验，准备付出的代价是自己的生命。林德曼认为，一个人要对自己抱有信心，就能保持精神和身体健康。当时，德国举国上下都关注着独舟横渡大西洋的伟大冒险，已经有一百多名勇士相继尝试均遭失败，无人生还。林德曼推断，这些遇难者首先不是从身体上败下来的，主要是由于精神崩溃、恐慌与绝望。为了验证自己的观点，他不顾亲友的反对，亲自进行了实验。在航海中，林德曼遇到难以想象的困难，多次濒临死亡，他眼前甚至出现了幻觉，运动感觉也处于麻痹状态，有时真有绝望的想法。但是只要这个念头一出现，他马上就大声自责：懦夫！你想重蹈覆辙，葬身鱼腹吗？不，我一定能成功！终于，他胜利渡过了大西洋。

第三，是敢于面对现实，不怕挫折。人的一生中难免有些挫折。要想事业有成，就要勇于面对现实，不怕挫折，不屈不挠，百折不回。只有敢想、敢做、敢于面对现实而不怕挫折的人，才能事业有成，才是真正的强者。司马迁继承父志当太史令，不料正在他准备编写《史记》时，突遭横祸，受"李陵之祸"的株连，被迫辍笔，但他矢志不渝，忍辱负重，身受腐刑，幽而发愤，经过十多年的努力终于写成鸿篇巨制《史记》。

然而，事实上有许多的人缺乏自信心，缺乏上进的勇气，本来可能有十分的干劲，因缺乏自信心，也只剩下五六分甚至更少了。长此以往，很难振作起来，成为一个被自卑感笼罩着的人。不但会延误进步，甚至可能自暴自弃、破罐破摔，那将是非常可怕的。

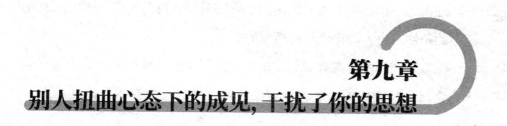

第九章
别人扭曲心态下的成见，干扰了你的思想

很多人在为一些不值得、不应该生气的事情生气，因为在他们眼里，这些事情不能被忽略，就像古代的男人看惯了缠小脚的女人，发现自己娶进门的媳妇竟是个大脚妇，大多会大光其火。在现实生活中，类似看待小脚女人的扭曲心态并不少见，但俗套的看法未必就是完全正确的，打破成见，换一个思维视角也许就有了一个全新的心态。所谓"成见勿固守，走出来别有洞天；思路须开阔，想开了越走越宽。"

谁说酒肉朋友不是朋友

吸烟有害健康。没错，可国家为什么还生产香烟？因为人民群众离不开它。烟是打开世俗沟通之门的钥匙。

酒肉也一样，两个人的距离因吃吃喝喝便会拉得更近。酒肉朋友在适当的条件下也可转化为肝胆相照的朋友。

但假若一开始就抱有成见，认为酒肉朋友全都是世道之交的话，别人也会以同样虚伪的心态与你交往，转化为忠义之交的可能性就大打折扣。

同时，应该指出的是，吃喝玩乐，乃人生的大智慧。晚年的林语堂在被问及人生的意义时，由衷地说："人生的意义，吃吃喝喝而已。"

传统的中国人爱将吃喝玩乐与不务正业联系在一起，其实错了，吃喝玩乐是极其务实的智慧。

蔡澜在香港与金庸等并称四大才子。

蔡澜年轻时，一日突发奇想，想到《明报》弄个专栏玩一玩，便去找倪匡帮忙。倪匡面露难色："太难了！金庸当《明报》是自己的性命，尤其是那个副刊，一直以来，都死抱着不放。你要写《明报》副刊，真是难过登天。你还是叫我请你吃饭，这比较容易办。"蔡澜死不甘心："倪大哥，你不帮我，普天下恐怕也没人帮得了我也！"倪匡最怕哀求，当下便说："让我想想办法，不过，你别太急。"犹豫了一下又说："期诸三月，必有所成。"接下来的几天，凡是有金庸的场合，倪匡必谈蔡澜。起初，金庸并不在意，过了一个星期，终于忍不住问："蔡澜是谁？"倪匡心中暗喜，嘴上却说："哎哟！文章写得这么好的人，你居然不认得，你怎能说是写稿佬？快点去买张《东方》看看吧！"过了三天，金庸见了倪匡，主动说："你说得对，蔡澜写得不错，有多大年纪？""四十左右吧。""这么年轻文章就写得这么好，难得难得！""还不止呢。"倪匡便把蔡澜精于饮食电影、琴棋书画的事，一一告诉金庸。"莫是英雄出

少年，什么时候给我介绍一下？""他很忙，我替你约约看。"倪匡吊了
金庸三天胃口后约了蔡澜。金庸盛装赴会，一见蔡澜，态度诚恳，令蔡
澜不知所措。三人欣然就座，天南地北地畅谈，至中席，金庸推了推倪
匡，轻声说："我想请蔡先生替《明报》写点东西，不知道蔡先生有没有
时间？"倪匡一听，皱了皱眉头，结结巴巴地说："这个……这个嘛……"
金庸又推了他一把，倪匡这才勉强说了。蔡澜欣喜若狂，因为距他求倪
匡向金庸说项前后仅两个星期而已。

金庸曾经撰文《走近蔡澜》："蔡澜见识广博，懂得很多，人情通达
而善于为人着想，琴棋书画、酒色财气、吃喝嫖赌、文学电影，什么都
懂。他不弹古琴、不下围棋、不作画、不嫖、不赌，但人生中各种玩意
儿都懂其门道，于电影、诗词、书法、金石、饮食之道，更可说是第一
流的通达。他女友不少，但皆接之以礼，不逾友道。男友更多，三教九
流，不拘一格。他说黄色笑话更是绝顶卓越，听来只觉其十分可笑而毫
不猥亵，那也是很高明的艺术了。"

蔡澜对吃很有研究，他认为，吃喝玩乐，与很多高深的哲理似乎无
关，但是能够沉浸其中，也会悟出人生的境界。"愿意吃的人不会自杀，
因为对生活还有迷恋。"蔡澜读了很多哲学家和大文豪的传记，他们的
人生结论也只是吃吃喝喝。

人生的最高境界是什么？蔡澜的答案是：酒不论好坏，重要的是与
好朋友一起饮；食无所求，只希望想吃什么有什么。

所以我们可以说，有的时候，酒肉与朋友又是密不可分的。

名门重派，没有那么可怕

对方是名牌大学毕业。

对方是博士。

对方是大企业的职员。

对方仪表堂堂。

但是：对方也许是个草包，对方的气势只是纸老虎。

小人物最大的弱点是还未与大人物过招，就被大人物的来历吓得匍匐在地。臧健和是一个弱女子，但在与日方财团的谈判中却极有主见，绝不放弃自己的原则，这成为她日后事业腾飞的一个关键。

臧健和，1945 年出生于青岛市，臧健和原本有一个幸福的家庭，她的丈夫是泰国华侨。

以前两人同在青岛一家医院工作，丈夫是医生，她是护士。"文化大革命"期间结婚，生有一双活泼可爱的女儿。1974 年丈夫去泰国定居，婆家是泰国一家有名的丝绸商。

1977 年 11 月，臧健和辞去了护士职业，带着 8 岁的女儿蓓蓓和 4 岁的女儿篷篷，千里迢迢从青岛赶往泰国与丈夫团聚。这次母女 3 人举家南迁，臧健和期盼的是从此能倚靠丈夫宽厚的肩膀共享天伦之乐。可到了泰国，臧健和做梦也没想到丈夫在泰国已有了妻室并生了儿子。

夫家是一个富裕的家庭，在泰国是有名的丝绸商贾。他们以为这样对臧健和来说，已经算是仁至义尽，她只要安安心心地做这个家庭的附属品就行了。泰国允许一夫多妻制，重男轻女的观念甚为强烈，女性除了嫁人，很难再有别的出路。臧健和真想大哭一场，可是欲哭无泪。她刻骨铭心的思念故乡。她不能容忍自己的自尊受到践踏和伤害，于是，她一手牵着一个女儿，头也不回地离开了夫家。她在心里暗暗发誓：总有一天，我要让他们对我刮目相看。

臧健和辗转来到香港，举目无亲，而且身无分文。臧健和想，难道我就这样失魂落魄地回到故乡吗？她决定留在香港。除了一种永不低头的精神，她一无所有。很快，她就领教了捉襟见肘的生活。两个女儿有时饿坏了，只能啃自己的手指头。臧健和看在眼里，疼在心上。再找不到工作，她只好去卖血了。她既不会英语，也不会粤语，找工作遇到了极大的阻力。除了卖苦力，她不知道自己还能干什么。劳工处的工作人员问她："你能干什么？"她小声说："现在我已经没有权利选择工作，而是工作在挑选我，做什么我都愿意。"说完，眼泪就在她的眼眶里打转。那位工作人员有些动容，没几天，就给她找了一份洗毛巾、洗厕所的工作。

她欢天喜地地去了。租了一间面积仅有 4 平方米、无窗户的小屋，作为母女 3 人栖身之所。初时每天打 3 份工，早 6 点半去半山为一位病妇打针，8 点至下午 2 点半、5 点至晚 11 点在一间酒楼洗毛巾碗筷，深夜再到电车场擦电车。那时她刚 32 岁，年轻又漂亮，有好心人"开导"她：香港这个社会"笑贫不笑娼"，"英雄不问出处"，某某在夜总会陪酒，一年赚了 20 多万，开了个快餐店，等等。臧健和有着山东女人特有的吃苦耐劳而又正直刚烈的性格，而且用她自己的话讲，"孔孟之道根深蒂固"。她横下一条心，"人活一口气"，决不走歪门邪道赚"快钱"，也决不为女儿树立个坏榜样。一天打 3 份工，经常累得两眼发黑。就在她最疲惫的时候，不幸却降临了。

那天，她蹲在街边洗碗。一辆运货车突然失控，将她撞倒在地。蹬车的人和她说了一些话，她一句话也没听懂，那人趁机扬长而去。回到家里，她的腰部一阵阵钻心的疼痛，甚至连床都爬不上去了。好心的邻居送她到医院检查，发现她腰骨挫裂伤，还伴有严重的糖尿病。劳工处的人员见到她的情况，主动与老板交涉工伤赔偿事宜，老板坚决不赔，蛮横地说："大陆来的人，不是打砸抢，就是懒人。"以前的生活再苦再累，臧健和都没有掉过一滴眼泪。老板的这句话一说，她的眼泪夺眶而出。臧健和想，不错，我是大陆人，我很穷，但你不能侮辱我的人格和我故乡的尊严。一气之下，她将老板告上了法庭，经过审理，法院判给她伤残补贴3万元，另加工资4500元。她将3万元还给了老板，老板不敢相信，脸上红一阵白一阵。在场的两位律师忍不住劝她："臧女士，骨气不能当面包吃，你好需要钱啊！"她的心里一酸，说："能够讨回公道我已经很开心了，这比我的生活更重要。"

伤愈后，臧健和不能再做重体力劳动了。社会福利处的人找到她，说她可以申请公共援助金，每月可以领取足够的生活费用。在别人看来，这是件求之不得的好事。可臧健和却想：我才32岁就拿公援金，依附于社会，那我还怎么以身作则去教导我的女儿呢？我怎样去面对我的父老乡亲，面对嘲笑我的丈夫和婆婆？于是，她谢绝了社会福利署的救援，毅然推起木车仔，在湾仔码头做起摆卖水饺的生意。卖的商品就是她从小熟悉的家乡水饺，她把它定名为"北京水饺"。

第一天刚开业，在人来人往的湾仔码头，她第一次手忙脚乱地生着了火。8岁的大女儿帮助包水饺，4岁的小女儿帮助洗碗。这时来了5

位年轻人。当第一碗饺子送到年轻人手里，小伙子发出"哇！好好吃啊"的赞叹。多少年过去了，她仍忘不了那 5 位年轻人，是他们帮她走上通向水饺王国的道路。从这以后，她就在湾仔码头卖水饺。

生意虽然很顺利，但最担心的是政府不给发熟食牌照，因此会时常遭到警察的扫荡。轻则罚款 50 ～ 100 元，重则没收所有生活生产用具，对于臧健和他们这些生活在社会底层的人来说，无疑是迎头痛击。一看到警察，她们就跑。小女儿篷篷除了帮助妈妈洗碗外，还担负着替妈妈"放哨"的重任。一天，别人抱来一只小狗，小女儿篷篷欣喜若狂，爱不释手，竟忘记了自己的"警戒"任务，警察来了也没有发现。警察要没收她们的小木车。篷篷急忙跑过来，双手紧紧地抓住警察的衣角，泪流满面地说："叔叔，不是妈妈的错！是篷篷没有看到你……"篷篷哭得声嘶力竭。看到此情此景，臧健和的心都快要碎了，她的眼泪也哗哗地流下来。那位好心的警察眼圈也红了，便小声地说："臧女士，你做生意吧！"说完便远去了。望着警察离去的身影，臧健和感激涕零。打那以后，她的水饺摊很少再被骚扰。

卖水饺对臧健和来说，不仅仅是养家糊口，也成了她的事业。青岛民谚说："三辈子学吃，五辈子学穿。"这是说，出身贫寒或平常的人，需要经过三代人才能学会适应和享用美食，经过五代人才能掌握美服。孔子出身贫寒，但很快成为美食家，并运用于教育弟子，《论语·乡党》里对食品的高要求是："食（饭食类）不厌精，脍（菜肴类）不厌细。"用现在话讲就是，原料选择上精益求精，加工工艺上尽善尽美。臧健和作为孔孟故乡的女杰，在食文化上与孔夫子有相同的灵感，同样在历尽贫寒后却成为美食家。她用的肉、菜、面都是最好的，为了做出符合顾客口味的水饺，她一遍一遍地品尝，一次次地推陈出新，有时候会浪费好多馅，有时候熬更守夜。她的宗旨很简单：给顾客吃就像在家里给亲戚朋友一样去做，让每个朋友都满意。

久而久之，一传十，十传百，卖出了名气。报纸、电台等各大小媒体争相报道。慕名前来的食客要排一个半钟头的队，才可以等到。她们的生活可以衣食无忧了，虽然很累，但很值得。湾仔码头，一个臧健和生命中悲欢交集的地方，永远地烙在了她的记忆里。渐渐地，有人买了水饺自己回家煮，她又卖起了生水饺。再渐渐地，有人来预订，小木车早已来不及供应了。臧健和找了一家店铺开起了水饺加工厂。谁能想到，这水饺生意从此一发而不可收，香港湾仔码头"北京水饺"的名气越来越响，以致成为香港的名牌产品，连当时的港督府都慕名前来求购。

从 1978 年起，臧健和遇上了两次事业发展的转折点。

第一次是湾仔码头进行改建时，臧健和想改变生意策略扩大经营，但那时她没有太多的资金开铺子，又觉得不扩大经营实在太可惜。刚巧香港特区政府要拆迁她居住的木屋，补偿了她 3 万多元钱。这笔资金对臧健和来说，无疑是雪中送炭，使她有了扩大经营的条件。

第二次是她的表姐帮忙，介绍她到大丸百货公司推销水饺。大丸老板的女儿平常对食品十分挑剔，这一次她却一口气吃了 25 只水饺，并大加称赞。大丸老板十分惊奇和激动，因为她的女儿从没有吃得如此开心过。大丸老板问明饺子的来历就认识了臧健和。大丸老板是日本人，有自己的生意眼光，他知道连他嘴刁的女儿都喜欢吃的食品，在香港也一定很受欢迎。他对臧健和说出了想买饺子的意图时，臧健和实话告诉他，自己的水饺是无牌照经营。臧健和心想，情愿他现在不买我的水饺，我也不骗他，免得将来被查出事情会弄得更糟。大丸老板笑着对臧健和说，无牌是不行的，但不要紧，只要使用大丸的包装就没问题。大丸老板还对臧健和说，只要好好合作，大丸会把湾仔饺子推广到全香港，甚至推广到全日本去。

虽然这对臧健和的事业来说，是一个很好的发展机遇，但精于心计的臧健和没有答应。她想，自己的产品怎么能用大丸的包装呢？这样一来，北京水饺不就变成了日本水饺了，那明明是中国人做的怎么能双手送给日本人呢？她心里总觉得很不舒服。假如与他合作了一段时间，水饺的制作技术全被他吸收去了，他不再与我合作，我也没有办法。还不如自己再坚持奋斗几年，等取得了牌照后再卖给他。

日本人的确够精明，答应了她的条件，却一而再、再而三地与她讨价还价。准许臧健和用自己的包装，不过要尽快取得食品牌照，如果被人查出时要臧健和自己承担责任，而且包装盒上不可印臧健和的地址和电话及价格。这一下又惹怒了臧健和，她说："这可不行！湾仔码头北京水饺之所以有进步，都是与顾客联系分不开的。顾客提出意见，我需要第一时间知道，好立即进行整改。如果食品盒上没有联络地址和电话，就听不到顾客的声音了。况且大丸的顾客都属高阶层，口味也可能有所不同。没有联系和沟通便无法改进水饺的质量以迎合更多顾客的口味。如有顾客投诉给大丸，再由大丸进行转告，信息接收便可能出错，因为大丸并不是做水饺的。我是无牌经营，地址可以不印，但电话一定要有，这是双方合作的原则。"至于价格，臧健和说零售价是11块，但拿到商场上出售就要12块半。在场的人都笑了，说她根本不会做生意，哪有批发价比零售价还高的？臧健和不卑不亢，列举她的理由：到超级市场上的产品要改良包装，增加成本，价钱自然要贵，否则就不合作。

经过一番解释后，大丸老板连连点头，生意终于成交了！亲戚非常吃惊："一个在家里做水饺的家庭妇女，竟然能把精明的日本人弄得唯命是从。"臧健和认为，你不据理力争，就会被别人欺诈、被算计。

从此，臧健和的"北京水饺"风风光光地打进了香港高档的超级市场，而且一炮打响，销量甚佳，顾客的反映都非常好。与大丸老板的合作取得了空前的成功。在这种情况下，沙田的"八佰伴百货公司"还在建地基时，公司的老板便想将整个食物部转给臧健和经营。但她自知力不从心，只答应经营一个摊子，不承想这个摊子在开张的第一天，销售额就高达 4 万元！现在所有香港日本人经营的超级市场都成了"北京水饺"的分销点。1985 年、1987 年、1989 年臧健和先后开办了 3 家工厂，生意如同滚雪球般越做越大，固定资产多达港币 4 亿多元。

1991 年，在香港贸发局举办的国际食品节上，湾仔码头"北京水饺"受到了中外嘉宾的一致好评，称它是一种受北方人、南方人、外国人都欢迎的国际流行口味的食品。臧健和也被誉为"水饺皇后"。

想富贵要求稳，瞬间发迹都是白日梦

人言"富贵险中求"，这是教唆人去送死。没有百分之百的把握就去铤而走险，不是在求富贵，而是在求速死。

谁是大陆最有钱的人？不谈具有香港身份的荣智健，当数刘永好兄弟。

1951年，刘永好出生于四川新津县，小时候的家里非常贫穷，以至于在他20岁之前，竟没穿过鞋子。可是，他日日用一双脚丫板子亲近着家乡的每一寸土地。对于刘氏兄弟的发迹，以讹传讹的较多，最离奇的莫过于四兄弟齐刷刷扔掉铁饭碗了。其实，四兄弟是陆续辞掉公职的，而刘永好直到1987年才正式辞职，这正反映了他谨慎而又胆大的性格。

1988年，刘氏兄弟的良种场已颇具规模，而他们的养殖业之所以能够成功在于利用科技知识，尽量降低养殖成本。一次，刘永好出差到广州，偶遇广东农民排着长龙队购买泰国正大颗粒饲料，这令他惊奇不已。他便对饲养行业做了一番实际调研。回到成都后，他向几位兄长介绍了生产猪饲料的前途。刘永好说："四川是全国养猪大省，养猪是四川农村经济的重要来源。泰国正大的猪饲料动摇了我国落后的喂养结构，应该把目光放到更广大的市场上，去搞饲料、搞高科技全价饲料系列。"刘氏兄弟经过认真研究，决定放弃养鹌鹑而转产饲料，并作了详细的规划。刘氏兄弟将创收的人民币全部投入这个项目，并聘请30余名动物营养学专家重点攻关。1989年4月，公司自行研发的"希望牌"乳猪全价颗粒饲料问世，一下子打破了正大集团洋饲料垄断中国高档饲料市场的局面。1993年希望集团公司成立，刘永言为董事会主席；刘永行为董事长；刘永美为总经理；刘永好为总裁、法人代表。希望集团的诞生给刘氏兄弟的事业发展带来无限生机。1992年，他们率先把公司变成了全国第一家民营企业集团，刘永好出任总裁，开始了大兵团作战。当时希望集团书写的大字标语遍布广袤的城乡大地："希望养猪富，希望来帮助。"刘氏兄弟喊出这样的口号不是没有道理的。那时候，刘氏兄弟踏进饲料行业专注经营了 4 年多，已经粗具规模。

这天，有一位朋友对刘永好讲了一番话："1990 年我叫你去海南你不去。那时候我的钱比你少很多，但现在也跟你差不了多少了。要是你去，会赚得更多。"刘永好被他的现身说法给打动了，立即派人前往海南注册了一家公司，买下了一所小房子。他甚至还为此专门到海南走了一趟。然而这个朋友觉得这样搞不够力度，就不断地给刘永好打报告，说是"假如你投入 1000 万，到年末时就会是 4000 万。"刘永好感到不解：不管怎么说，房子总得一砖一瓦盖起来吧，哪会来得这么快？他们到底是怎么做的？朋友不无得意地向他传授秘诀：首先去买一块地皮，然后把它卖掉，然后又是跟谁合作，再怎样怎样。总之是把 100 块钱买来的东西最终卖了 1000 块，当然就赚钱了嘛！刘永好总算明白了：嘿！这不就是"击鼓传花"么？无论这鼓敲得多响，这花传得多快，最后总是会停下来的，到时候那花落在谁手上谁就倒霉。他立即做出决定："这事就到此为止。"公司注销了，投资的钱也撤了回来。谨慎，不贪图侥幸之财的经营之道，让刘永好避免陷入不久之后即铺天盖地席卷而来的那场地产泡沫破灭的黑色灾难。"我们选择了放弃，因为当时我们认为，我们的基础还很薄弱，我们要做的事情就是好好地把饲料做到行业前列，把我们的基础夯实。"刘永好这样说。

邓小平南行谈话后，希望集团走出四川，先后在上海、江西、安徽、云南、内蒙古等二十几个省、自治区、直辖市开展与国有、集体、外资企业的广泛合作，迅速开拓了全国市场。1993 年 3 月，刘永好当选第八届全国政协委员。同年，他当选为全国工商联副主席。1997年，成都的房地产业刚刚完成了第一轮开发的积累，开始对已有的产品进行检点与反省，预示着房地产开发下一个高潮到来之际将进入由卖方市场向买方市场转变的"微利"时代。

正在此时，刘永好又一次动了涉足房地产之念。"在最高潮，大家认为最好的时候，我们反而没有做，当然，没有挣钱也没有被被套，我们抓住谷底攀升的时机，我们还要随着曲线上升。"当别人开始纷纷感到房地产这碗饭是越来越难吃了的时候，刘永好却意识到机会的存在。他认为房地产业正处在一个逐步上升的区间。刘永好在萌发房地产念头最初的日子里，更多的只是一份观望与练兵。新希望房地产公司组建。正是在这时，刘永好把新希望的房地产开发从一开始就放到了高起点、大规模的平台上。锦官新城作为新希望房地产的开山之作，一问世，首期开盘三天之内销售1.4亿，创造了成都房地产奇迹。2000年11月，民生银行上市，刘氏兄弟分别以四川新希望农业股份有限公司和四川南方希望有限公司名义拥有民生银行股份2.03亿股，占民生银行总股的12%。2000年，美国《福布斯》评定刘永好、刘永行兄弟财产为10亿美元，列中国内地50名富豪第二位。一位赤着脚走路的中国知识分子，用他的精明踩出了一条亿万黄金路。

一个亿万富翁，他的生活该是怎样的？刘永好回答的很简单：他觉得一个人童年养成的习惯很难改变，他一直喜欢吃老三样：麻婆豆腐、辣椒和回锅肉。刘永好坦言，自己不会跳舞，也不打高尔夫球。他认为："一个企业家应该有开拓的视野。我经常注意一些国际大老板在考虑些什么。我了解很多大人物，饲的生活都非常朴素，看到他们的生活，你就不会铺张。""我平时的工作比较紧张，这几年'新希望'要向国际化发展，我还要经常到国外考察。我很羡慕有些企业家朋友，可以多打打高尔夫，我的朋友经常让我爬爬山。我想也要争取以后能拿出 1/3 的时间来旅游、打球。"现实中许多"暴发户"的堕落与做作，这些在刘永好身上看不到。他不会喝酒，不会抽烟，也不会跳舞，不会打麻将，对名牌、明星不感兴趣。刘永好身上穿的一直是价值不到 100 元人民币的衬衫。

刘永好心目中有一个榜样，那就是李嘉诚。刘永好认真地研究过李嘉诚。他认为李先生原来是做塑料花的，的超级巨子；又在适当的时候把握住机遇，成为港口、货柜、码头方面的巨子；又把握机会成为信息产业方面的巨子。他时时把握机会，不断调整方向进行创新，变中有稳，求得稳步发展，从而奠定了超人的地位。

求稳是一种心态，一种诱惑面前不伸手的气度，有了这种心态，不会因为一个看似绝佳的机会的丧失而垂头丧气，也不会因偶尔的失手而生气。

第十章
想当好汉？看看你的决断力

遇事犹豫不决或仓促、盲目做决定都是做事情的大忌。在关乎一个人一生命运的十字路口也好，平常工作生活中的大事小情也好，无时无刻不需要你做出决断，实际上正是这一个个不经意间的决断改变着你的人生走向。

想计划行事，至少要有七成胜算

《孙子兵法》中说："多算胜，少算不胜，由此观之，胜负见矣。"这里的"算"是指"胜算"，也就是制胜的把握。胜算较大的一方多半会获胜，而胜算较小的一方则难免见负。又何况是毫无胜算的战争更不可能获胜了。

战术要依情势的变化而定，整个战争的大局，必须要有事先充分的计划，战前的胜算多，才会获胜，胜算小则不易胜利，这是显而易见的道理。如果没有胜算就与敌人作战，那简直是失策。因此，若居于劣势，则不妨先行撤退，待敌人有可乘之机时再作打算。无视对手的实力，强行进攻，无异于自取灭亡。

《孙子兵法》在此处所表达的意思，凡事不要太过乐观，一旦大意轻敌，将陷入无法收拾的可悲境地。这个道理在中外历史上屡屡应验。如日本在第二次世界大战时偷袭珍珠港，美军毫无防备，结果太平洋舰队几乎全军覆没。而日本当时胜算可谓极小，却仍然不顾一切地发动战争，其后果当然可想而知了。日本人自古以来便以此种冒险式的"玉碎战法"而自我炫耀。

这种倾向在其现代企业经营策略之中亦极明显。的确，从某个角度来看，这种积极果敢的经营形态是造就日本经济繁荣的因素之一，但是这种做法虽然适用于基础的建立，却难以持续发展下去，没有把握的战争不可能一直侥幸获胜，终究会碰到难以克服的障碍。因此，当我们要开创事业，或者拓展业务时，最好还是有制胜的把握再动手。

在任何时代任何国家，有资格被尊为"名将"的人，都有个大原则，即不勉强应战，或者发动毫无胜算的战争。如三国时的曹操便是一例。他的作战方式被誉为"军无幸胜"。所谓的幸胜便是侥幸获胜，即依赖敌人的疏忽而获胜。实际上，曹操的制胜手段确实掌握相当的胜算，依照作战计划一步一步地进行，稳稳当当地获取胜利。

中国历史上的诸葛亮和世界历史上的凯撒大帝等人，均是善于运筹帷幄，才建立了不朽的功勋。

　　虽说把握胜算，然而经济活动是人与人之间的战争，所以不可能有完全的胜算。因为其中包含着许多人为的因素，诸如情感因素在内，无法确实地掌握。不过，至少要有七成以上的胜算，才可进行计划。

　　而要做到有把握，就必须知彼知己。孙子说："不知彼而知己，一胜一负；不知彼，不知己，每战必败。"这句话虽然很容易理解，实际做起来却颇难。处于现代社会中的人，均应以此话来时时提醒自己，无论做何种事均应做好事前的调查工作，确实客观地认清双方的具体情况，才能获胜。

　　人生有时候还是需要运用"不败"的战术来稳固现况。就像打球一样，即使我方遥遥领先，仍需奋力前进，掌握得分的机会。荀子说："无急胜而忘败。"即在胜利的时候，别忘了失败的滋味。有的人在胜利的情况下得意忘形，麻痹大意，结果铸成意想不到的过错。须知"祸兮福之所倚，福兮祸之所伏"，在任何情况下，都要预先设想万一失败的情况，事先准备好应对之策。拿企业经营来讲，一个企业在从事经营时，必须事先设想做最坏的打算，拟好对策，务必使损失减至最低限度。如此一来，即使失败了也不会有致命的伤害，这一点至关重要。就个人来讲，如果有了心理上的准备，情绪上就会放松，遇到问题也会从容不迫地解决。

做事见机而动，决策当机立断

见机而动，是立功成名的诀窍

"布衣三尺取天下"的刘邦，就是善于见机而动的有为之人。他本是秦朝的一个小官，但当他看到秦末山雨欲来风满楼的形势后，便带领一批人跑到大山中，密谋起事。后来，他的那支起义部队成为一支劲旅，最后从项羽手中夺得天下，建立了刘汉王朝。

具有雄才大略的唐太宗李世民，更是善于见机而动。在取得天下之前，他不像刘邦只是一介布衣，而是出身贵族官僚家庭，父亲李渊为隋朝命官，统率太原数万军队。但他看到隋朝强弩之末的形势后，立即劝说父亲举起反隋大旗，最后建立了李唐王朝。

见机而动，关键是要善于看准机会。而这需要敏锐的眼光，并在有七分把握的条件下当机立断，勇于实践，否则，时机稍纵即逝，永远抓不住机会，也永远得不到成就事业的甜美果实。

机会难得，而如果有了机会，你又不能抓住，迟迟难以下决断，同时不能成功，也就不可能成为百万富翁。"当断不断，必有后患"，这句话在许多人竞争同一目标的情况下往往很正确。

怎样才能迅速地审时度势呢？调动你所有的器官，去观察、去感觉、去倾听，如果有必要，去嗅，去尝。当遇到蕴含赢利可能性的情况时，要全神贯注，忘掉一切，即使鲁莽点儿也无妨。尽快收集各有关情况，做到心中有数，然后快速作出决断，从而在竞争中占据领先优势。

当机立断、随机应变，是指在客观条件发生变化的情况下，做出恰当得体、有理有节的反应，进而维护自己的地位和利益。

随机应变，关键是要会"变"。历史上有不少随机应变的事例。春秋时期，有一次秦兵企图偷袭郑国，大军已开到离郑国不远的地区，而郑国还蒙在鼓里。这时，郑国一个名叫弦高的牛贩子得知这个消息后，急中生智。他一面派人星夜赶到郑国国君那里报信，一面假扮成郑国的使臣，挑选几十头肥牛，乘着一辆车，迎着秦兵而去。与秦兵将领相遇后，弦高便自称是受郑国国君之命，备了点薄礼来慰劳秦军，并称国君正厉兵秣马，训练军队。秦军将领一听，大吃一惊，以为郑国早有了准备，便改变计划班师回朝了。

社会竞争活动，经常面临变幻不定的客观现实，在迅速变化的形势面前，以不变应万变，循规蹈矩，是不会成为成功的竞争者的。

快者胜，勇者胜

有些战机，你如果不及时抓住，就会被别人抢先抓去。因为任何一个企业或企业中的一个部门，为了自身的存在和业绩，都在寻觅有利战机。当大家都发现了战机时，快者胜，勇者胜。不过，任何人要抢先抓住大家共同发现的战机，必定要付出极大的代价，否则不会先于竞争对手。这正如一批选手在同一起跑线上，拼命奔跑而想第一个到达终点一样。所以，高超的"选手"，应该在别人尚未发现目标之前迅速地捕捉到它。

1983 年第一季度，香港有线电话机出口多达一亿八千六百多万港元，比上年度同期增长近 19 倍。香港某公司获得巨利，因其业务部门先于别处甚至先于本公司业务部门发现、利用商机是重要原因。

原来美国政府规定，电话机只能由美国电话电报公司出租，不能销售，私人购买电话机是违法行为。1982 年，美国政府取消了电话电报公司的专利权，允许私人可以随便购买。这样一来。美国 8000 万个家庭及其他公司机构，就成了电话机的潜在买主对象。

当别的工商界对美国政府这一决定熟视无睹时，香港某公司业务部经理闻风而动，立即向老板建议把原来生产收录机、电子表的厂子快速转产生产电话机，同时按排业务主力迅速扑向美国市场，结果出师大捷。等到其他地方的企业东施效颦，接踵而至时，只能啃几根吃光了肥肉的骨头了。公司赚了个盆满钵满，而那位业务经理没多久即被委以营销副总裁的重任。

有些战机，一瞬即逝，你若不能及时抓住，则会永无补救之时。对于这种战机，你必须对战机的性质进行反复分析，针对战机的特点采取对策。

对于那些"千载难逢"的战机，一要能及时抓到，二是能最有效地利用。利用战机的形式是多种多样的。

20 世纪 50 年代末，某日，美国首都华盛顿。主要干道上竖立着巨型彩色标牌："欢迎您，尊贵的法国客人！""美法友谊令人心醉！"今日各报的广告牌上，最鲜艳夺目的是美国鹰和法国鸡干杯的画面和"总统华诞日贵宾驾临时"等大标题。马路上车水马龙涌向白宫。白宫周围，人山人海，人们笑容满面，期待着贵宾的出场。

贵宾是谁，不是政府要员，不是社会名流，而是两桶法国白兰地。

这是怎么回事，原来这是法国某白兰地公司企划部门的精心谋划。当时在法国国内该公司的白兰地已享有盛誉，畅销不衰。厂商的目光开始瞄向美国市场。他们经过周密调查，从大量信息中分析出，白兰地在美国有着巨大的潜在商场。那么通过什么途径，选择什么方式进入美国市场呢？刚上任没多久的企划部总监密特朗先生带领手下设计人员设计过多种方案，都感到不理想，最后别出心裁地选择了下述方案，整个方案的主题是："礼轻情义重、酒少情意浓"，基点是法美人民友谊，时机是美国总统艾森豪威尔67岁寿辰，赠送的是两桶窖藏长达67年的白兰地酒。总统寿辰日，在白宫的花园里举行隆重的赠送仪式，将由四名英俊的法国青年身穿法兰西传统的宫廷侍卫服装抬着这两桶白兰地正步前行，进入白宫。

于是，美国公众在总统寿辰一个月之前就分别从不同的传播媒介获得了上述信息。一时间，法国该公司的白兰地即刻成了新闻报道、街谈巷议的热门话题。千百万人都翘首以待这两桶名贵的白兰地的光临。于是便出现了前面所述的万人空巷的盛况。从此，该公司的白兰地就昂首阔步地迈进了美国市场，国家宴会和家庭餐桌上几乎少不了它的倩影了！

因为这一卓越的业绩，仅过了一年，年仅34岁的密特朗就荣升为公司的副总裁。

当困难来临的时候，要学会处变不惊

困难面前的决断体现做事的水平

困难对于拿破仑来说，那是家常便饭。

我们都知道拿破仑，而 1812 年的 10 月，对着空空的莫斯科城，拿破仑面临着一大堆的困难，食物短缺，看到的是走在莫斯科大街衣不蔽体的法国士兵。寒冷的俄国，已不再适合他们呆了。

拿破仑下令撤离莫斯科。

大雪纷飞，气温奇低。法国士兵有的被严寒冻死了，有的开了小差，士气比气温更低。在漫长的雪道上行走，还时不时遭到俄国人的伏击。

俄国人三番五次地重点进攻拿破仑的骑兵，摧毁他的炮兵。

拿破仑召开了高层军事会议，将军们愁眉苦脸地看着他。他听完将军们介绍的各种困难后，一点儿也不着急，只是静静地看着他们，若无其事地说：

"你们认为这算困难吗？这叫作什么危难！没有什么大不了的。我们会解决的，我就是一个从困境中长大的人，逆境教会了我如何解决困境的。"

皇帝的镇定鼓舞着将军们。面对着军营外的冰天雪地，他们似乎感到拿破仑的坚强和勇气。于是他们进行安抚士兵的工作。

皇帝的信心同时也鼓舞着士兵们，队伍继续撤退，拿破仑被迫丢掉了许多辎重。而且他的炮兵、骑兵一点点地被俄国人吃掉，军队已经显得凌乱不堪。这简直就是一场痛苦的撤退，士兵们的士气又在一步步降低。

对于拿破仑来说，他本人并没有气馁，他知道，只有一条路，就是充满信心，那就能成功，也许，这是他进行战争以来所面临着的第一次痛苦。

撤离的痛苦没有击倒拿破仑，然而更有雪上加霜的危难考验着他。

当通讯员将一道消息递给拿破仑后，拿破仑不声不响地看着，上面写着的是镇守巴黎的将军弗兰斯起兵发动政变，占据了巴黎，并宣布废除拿破仑皇帝头衔。

这一消息使军队发生了震动，但拿破仑凭着他的威信很快地将这个震动平息。

他是一个骑着战马驰骋在战场上勇于斗争的皇帝，他果断地下了命令。

一方面他命令将军们安抚士兵，一方面他和克兰储将军带领一些随从从雪道返回巴黎。

在白茫茫的辽阔的草原上，拿破仑和克兰储将军立在雪橇上，而雪橇在草野上飞驰，像一支飞翔的俄罗斯的大鹰。而他——拿破仑，有如太阳般的伟人，朝着他的法兰西驰去，他神情肃穆地和克兰储谈着话。

克兰储用崇拜的眼光看着他，并不断提出善意的批评。他被拿破仑的真诚、开诚布公所感动。他感觉到他们不是去阻止一场政变，而是去进行一场小小的游戏。

穿着皮毛大衣，蜷缩着冻僵的身子的拿破仑听着克兰储善意的反对意见，就想去揪克兰储的耳朵，但一摸到他那厚厚的皮帽时，根本找不到机会下手。拿破仑便笑了，说：

"你这个家伙，现在看问题还像个小孩子。"

"我们到巴黎只不过是去平息一场小小的误会罢了，一切都会好起来的。"

受了拿破仑的鼓舞，克兰储和随从们都感觉到沐浴在春风里。

他站在雪橇上，似乎在自言自语："我现在渴望和平，能有个和平的世界，那该多好啊！"

到达华沙后，拿破仑并没有急于公开自己的身份，他很想去瓦特维士城看望玛莉·瓦赖福士。但克兰储极力提出说时间宝贵。而且他也得知伯爵夫人已去了巴黎。

他从别人那里得到了一辆四轮马车，于是便把雪橇扔掉，马不停蹄地向巴黎赶去。

到了巴黎后，他没有公开露面，而是先到皇后的卧室里。玛莉第一眼看到他时，十分吃惊的样子。他得意地说："我回来了，我是来拿回我的皇位的。"

玛莉在他怀里哭开了，说："皇帝，你一定会的，一定会的。"

拿破仑略作休息后，便和克兰储溜进了军队，接见了另外两名将军，当士兵们听说皇帝回来了，于是整个军营便开始沸腾起来。

士兵们便开始互相议论："皇帝回来了！""皇帝回来了！"

拿破仑发表了即兴演讲，鼓舞士兵们和他一道解除政变。

这场政变正如拿破仑的所说的那样，只不过是小小的一场误会罢了。

拿破仑重新获得皇帝的称号，重新占据了巴黎。

对于一个成功的经营者来说，并没有顺利的坦途，或多或少要遇到困难，有的则困难重重。怎样面对困难，处理困难则是一个很重要的问题；重视困难，正视困难，克服一个又一个困难，那便能冲出一番新天地。对领导人如是，对普通人亦如是。

保持良好的应激状态

应激是人们在意外突发情况下产生的情绪状态，有两种表现：一种是使活动抑制或完全紊乱，做出不适当的反应；另一种是使各种力量集中起来，使活动积极起来，以应付这种紧张的情况，思维变得特别清晰明确。

一个人的应激状态如何，对其具有重要影响。一个人在其一生的职业历程中，会遇到各种意想不到的和突如其来的变故，困难和危机会经常发生，在意外的事变面前，应激状态如何，直接关系到事业的成败。好的应激状态在紧张情况下，能调动各种潜力应付紧张局面，可以使人急中生智、化险为夷。

如果一个人的应激状态不好，在出乎意料的紧急情况下，往往感知发生错误，思维变得迟缓而混乱，动作受到抑制而束手无策。这种应变能力不强的人是不会有大的成就的。

从情感和情绪的不同表现，特别是情绪的三种不同形式对领导者及其所属群体、工作的重大影响，我们可以看出，一个领导者学会控制自己的情绪，使自己的情绪始终保持积极而稳定的状态是极其重要的。